Anja Karolewiez

Biogenese chloroplastidärer Proteinkomplexe
am Beispiel der Gerste mit Hilfe der 2-D-Gelelektrophorese

Diplomica® Verlag GmbH

Karolewiez, Anja: Biogenese chloroplastidärer Proteinkomplexe am Beispiel der Gerste mit Hilfe der 2-D-Gelelektrophorese, Hamburg, Diplomica Verlag GmbH 2011

ISBN: 978-3-86341-032-2
Druck Diplomica® Verlag GmbH, Hamburg, 2011
Zugl. Universität Fridericiana Karlsruhe (TH), Karlsruhe, Deutschland,
Diplomarbeit, 2002
Originaltitel der Abschlussarbeit: Untersuchungen zur Biogenese chloroplastidärer
Proteinkomplexe bei Hordeum vulgare L. mit Blau Nativer- / SDS-Tricin-PAGE

Bibliografische Information der Deutschen Nationalbibliothek:
Die Deutsche Nationalbibliothek verzeichnet diese Publikation in der Deutschen
Nationalbibliografie;
detaillierte bibliografische Daten sind im Internet über http://dnb.d-nb.de abrufbar.

Die digitale Ausgabe (eBook-Ausgabe) dieses Titels trägt die ISBN 978-3-86341-532-7
und kann über den Handel oder den Verlag bezogen werden.

Danksagung

Danken möchte ich besonders Prof. Dr. Hans-Peter Braun, welcher mich hervorragend betreute und immer Zeit für mich hatte.

Mein Dank gilt auch Herrn Dr. Claus Buschmann, welcher die Aufgabe des Korreferenten übernahm.

Inhaltsverzeichnis

1   Einleitung

Pflanzliche Organismen sind aus einer großen Zahl der verschiedensten organischen Verbindungen aufgebaut. Sie sind in der Lage, den für die Synthese dieser Verbindungen benötigten Kohlenstoff durch Fixierung von Kohlendioxid zu gewinnen. Die Energie hierzu beziehen sie aus der elektromagnetischen Strahlung der Sonne im Bereich von etwa 400nm - 700nm. Der entsprechende Prozess wird als Photosynthese bezeichnet, welche bei eukaryotischen Zellen in den Chloroplasten stattfindet. Die pflanzlichen Organismen sind zur Produktion organischer Substanzen aus rein anorganischen Bausteinen befähigt. Die gesamte auf der Erde vorhandene organische Substanz wird durch diesen Prozess gebildet.

Chloroplasten als Photosyntheseorganellen

Die Chloroplasten sind membranreiche Organellen in Zellen von Algen, Moosen, Farnen und höheren Pflanzen. Sie können in Form und Größe variieren, erscheinen aber typischerweise als 4 bis 10µm lange Ellipsoide mit einer Dicke von etwa 1 µm, von denen es pro Zelle zwischen 1-1000 gibt. Abbildung 1 zeigt eine elektronenmikroskopische Aufnahme eines Gersten-Chloroplasten.

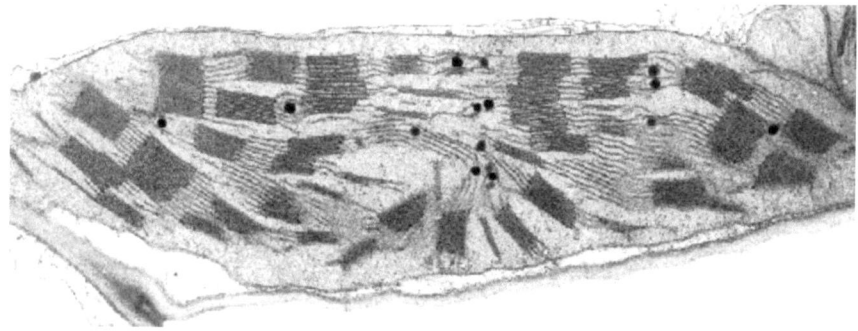

Abbildung 1: Dünnschnitt durch einen Chloroplasten der Gerste. Die Form und Anordnung der Grana ist für normal ausgebildete Chloroplasten typisch. Die dunklen Kreise im Bild sind sog. Plastoglobuli. Grana (Thylakoidstapel) können bis zu 25 Thylakoide enthalten [35].

Chloroplasten haben eine äußere Membran, welche durch den Intermembranraum von der inneren Membran getrennt ist. Beide Membranen zusammen werden als Envelope bezeichnet. Die innere Membran umschließt das Stroma, eine konzentrierte Lösung von Enzymen, die zudem DNA, RNA sowie Ribosomen enthält. Letztere sind an der Synthese verschiedener Chloroplastenproteine beteiligt. Das Stroma umgibt seinerseits ein drittes Kompartiment, das Thylakoid. Thylakoide entstehen durch Einstülpungen und anschließende Abschnürungen der inneren Membran und werden in Grana- und Stromathylakoide (gestapelte und nicht gestapelte Bereiche) eingeteilt. Ein Chloroplast enthält etwa 10-100 Granastapel. Diese bestehen aus Lipiden und Proteinen, wobei der Proteinanteil über 50% liegt [23]. Die Proteinkomplexe liegen der Membran auf oder sind in sie eingebettet. Chlorophyll und andere Photosynthesepigmente sind locker an Proteinkomplexe gebunden.

Neben der Thylakoidmembran können sich noch Plastoglobuli und Stärkekörner im Stroma befinden. Die beiden Envelope-Membranen haben einen Abstand von ca. 3nm zueinander. Die äußere Membran ist relativ durchlässig und besteht aus einer Doppellage von Phospholipid- Molekülen und Glycolipiden, in die an manchen Stellen auch Proteine eingebaut sind. Der Anteil der Proteine ist jedoch viel niedriger und der molekulare Aufbau viel einfacher als bei der inneren Membran. Diese ist die eigentliche selektive Barriere, die darüber entscheidet, welche Stoffe in die Chloroplasten aufgenommen werden und welche diese verlassen können. In der Pflanze kommen mehrere Arten von Plastiden vor, welche aus den Proplastiden hervorgehen. In Geweben, welche der Photosynthese dienen sollen, werden sie unter Lichteinfluss zu Chloroplasten. In Abbildung 2 ist diese Entwicklung dargestellt.

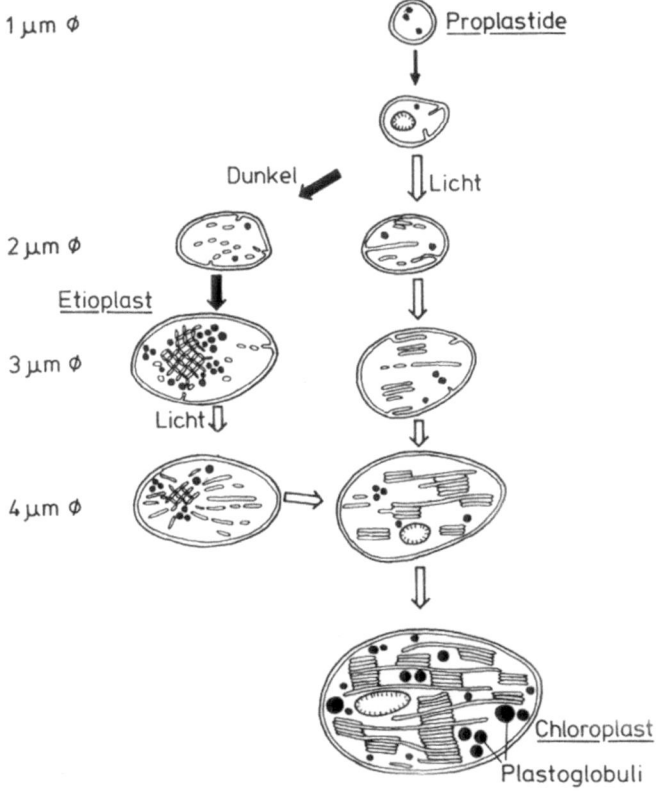

Abbildung 2: Entwicklung eines Proplastiden in einen Etio- bzw. Chloroplasten [21], verändert.

Lässt man Keimlinge im Dunkeln wachsen, so bilden sich stattdessen Etioplasten, welche eine andere Struktur als die Chloroplasten aufweisen. An Stelle der Thylakoide entsteht ein gitterartiger Prolamellarkörper, welcher hauptsächlich aus einem protochlorophyllidhaltigen Proteinkomplex besteht. Die zahlreichen Plastoglobuli dienen als Lipidspeicher [21]. Bei Belichtung werden aus den Plastoglobuli und dem Prolamellarkörper die photochemisch aktiven Thylakoide aufgebaut und Protochlorophyllid, bzw. Protochlorophyll wird in Chlorophyll umgewandelt. Innerhalb weniger Minuten nach Beginn der Belichtung setzt begrenzt die Photosyntheseaktivität ein [20]. Für die vollständige Transformation werden allerdings einige Stunden benötigt.

10

Abbildung 3 zeigt elektronenmikroskopische Aufnahmen der Transformation.

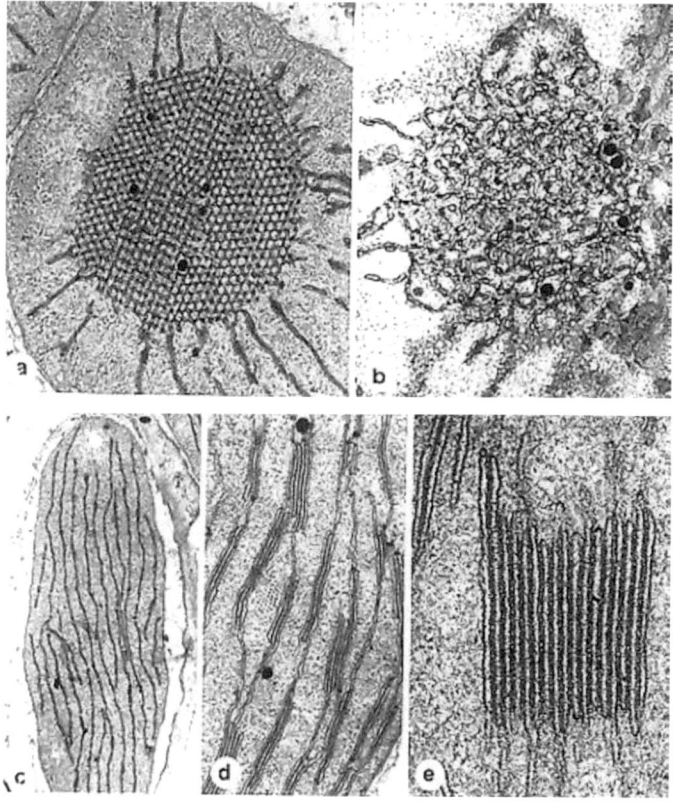

Abbildung 3:
  a. Prolamellarkörper im Etioplasten
  b. Röhrentransformation: Prolamellarkörper nach einer Minute Belichtung
  c. Dispersion des Prolamellarkörpers in primäre Lamellenschichten. Eine Minute Belichtung nach 15 Minuten Dunkelheit
  d. Granabildung: nach 24 Stunden kontinuierlicher Belichtung
  e. Granum eines ausdiffernezierten Chloroplasten [35]

In der Thylakoidmembran laufen die photochemischen Reaktionen der Photosynthese, die zur Spaltung von Wasser, zur Bildung von ATP und zur Reduktion von $NADP^+$ führen, ab. Dazu sind 4 große Proteinkomplexe in der Membran vorhanden: die beiden Photosysteme, die ATP-Synthase und der b_6f-Komplex, welcher den Elektronentransport zwischen den beiden Photosystemen vermittelt. Sie sind zusammen aus 75 - 100 Proteinen aufgebaut, wodurch die Komplexe besser reguliert werden können. Es sind eine Vielzahl von Proteinen an dem Prozess der Biogenese und der Regulation der 4 großen Komplexe beteiligt, welche die Biosynthese und den Zusammenbau von Cofaktoren, Einfügen von Proteinen in die Membran, Faltung und Abbau von Proteinen steuern. Viele dieser Proteine liegen in der Thylakoidmembran. Um die Biogenese und die verschiedenen Thylakoidfunktionen zu steuern sind Kinasen, Phosphatasen und andere Signaltransduktoren vorhanden. Insgesamt enthält ein Chloroplast 2000 - 5000 verschiedene Proteine [28]. Die Bildung der einzelnen Proteine, der Zusammenbau dieser zu den Komplexen und die präzise Platzierung müssen genau aufeinander abgestimmt sein, da sonst durch freie Elektronen irreparable Schäden entstehen können.

Der einleitende Schritt der Photosynthese besteht darin, dass Lichtquanten durch Empfängermoleküle (Pigmente) absorbiert werden und ihre Energie zu einem photochemischen Reaktionszentrum weitergeleitet wird. Anschließend wird die Energie der Lichtquanten in ATP und NADPH + H$^+$ umgewandelt. An diese photochemische Reaktion ist der rein biochemische Prozess der CO_2-Reduktion im Stroma der Chloroplasten durch seinen Bedarf an ATP und NADPH + H$^+$ eng gekoppelt. Durch Fixierung von Luft-CO2 und seine Reduktion zu Kohlenhydraten werden die Endprodukte der Photosynthese gebildet, welche die stabile chemische Energie beinhalten. Neben der Photosynthese sind die Chloroplasten an noch weiteren Funktionen, wie der Stärkesynthese, der Lipidsynthese und der Nitrat-Assimilation beteiligt. [7]

1.2 Chloroplastidäre Proteinkomplexe

An der Photosynthese sind viele Proteine, Pigmente und andere Moleküle beteiligt, und viele von ihnen sind ein Teil von größeren Proteinkomplexen. Der Vorteil von Proteinkomplexen im Vergleich zu einzelnen Proteinen ist die bessere Regulation. Zu ihnen gehören z.B. die beiden Photosysteme, die Light-Harvesting-Komplexe (LHC), der b$_6$f-Komplex, die RubisCO und die ATP-Synthase.

Das Photosystem I (PS I) ist ein Pigmentproteinkomplex, der eines der photosynthetischen Reaktionszentren bindet und die Oxidation von Plastocyanin an der Lumenseite und die Reduktion von Ferredoxin an der Stromaseite der Thylakoidmembran katalysiert. Es ist den Arbeitsgruppen Saenger und Witt (1993) gemeinsam gelungen, mit Hilfe der Röntgenstrukturanalyse die dreidimensionale Struktur des PS I aus dem thermophilen Cyanobakterium Synechococcus elongatus zu ermitteln [16]. Es zeigt eine Trimerstruktur. Von den bisher identifizierten 12 verschiedenen identifizierten Untereinheiten, konnten bislang nur 6 eine Funktion zugeordnet werden. Das Zentrum ist besteht aus den Untereinheiten PsaA und PsaB. Sie binden die Chromophore Chla, Redoxträger und etwa 100 Chla-Antennenpigmente. Der Untereinheit PsaC werden die Fe-S-Zentren F_A und F_B zugeschrieben, die Untereinheit PsaF wird als Bindungsstelle für Plastocyanin diskutiert. PsaL ist an der Trimerisierung des Komplexes beteiligt und PsaE ist in den zyklischen Elektronentransport der Photosynthese involviert. Das PS I höherer Pflanzen liegt assoziiert mit einem Multipigmentproteinkomplex vor, der als LHC I bezeichnet wird. Dieser enthält 20% des gesamten Chlorophylls, welches in der Thylakoidmembran enthalten ist. Bei der Isolation des LHC I liegt dieser als Oligomer vor, doch in vivo liegt wahrscheinlich wieder ein trimerer Komplex vor.

Das Photosystem II (PS II) ist ebenfalls ein Pigmentproteinkomplex, der das zweite photosynthetische Reaktionszentrum bildet. Es vermittelt den Elektronentransfer von Wasser zum Plastochinon und spaltet Wasser unter Freisetzung von Sauerstoff. PS II ist aus mindestens 16 verschiedenen Untereinheiten zusammengesetzt und von vielen ist die genaue Funktion noch nicht bekannt. Das Zentrum ist wiederum ein Heterodimer aus den Untereinheiten D1 und D2. An diesem Heterodimer sind 4 - 5 Chla, 2 Phaeophytine, 2 Plastochinone und 1 - 2 Carotinoide gebunden. Die beiden Untereinheiten CP 43 und CP 47 binden jeweils etwa 15 Chlorophyllmoleküle. Eine weitere Untereinheit, Cytochrom b$_{559}$ (Cyt-b$_{559}$), besitzt möglicherweise eine Schutzfunktion gegen Lichtschädigung. Das PS II liegt assoziiert mit dem LHC II vor, welcher die Photonen des Lichts absorbiert und zum Reaktionszentrum transportiert. Bisher konnten 5 verschiedene LHC II Pigmentproteinkomplexe charakterisiert werden. Der größte Komplex ist der LHC IIb, welcher 42% des gesamten Chlorophylls der Thylakoidmembran bindet. Er liegt als Trimer vor und enthält 3 verschiedene Polypeptide. LHC IIa, LHC IIc, LHC IId und LHC IIe enthalten zusammen mehr als 3% des Chlorophylls.

Zwischen den beiden Photosystemen steht in der Elektronentransportkette der b_6f-Komplex, welcher auch den Protonentransport über die Thylakoidmembran bewirkt und damit zum Aufbau des Protonengradienten beiträgt. Der Komplex hat einen asymmetrischen Aufbau, liegt als Dimer vor und besteht aus 4 größeren Polypeptiden, Cyt-b_6, welches 2 Moleküle Häm b enthält, Cyt-f_6, das Rieske-Protein, ein Eisen-Schwefel-Protein, und die Untereinheit IV. Daneben sind noch 3 kleinere hydrophobe Polypeptide bekannt, die als Pet M, Pet G und Pet L bezeichnet werden [11, 12].

Die RubisCO ist ein sehr häufig vorkommendes Protein und macht bis zu 50% des löslichen Proteins in grünen Blättern aus. Sie ist im Stroma lokalisiert und katalysiert die Fixierung von CO_2. Die RubisCO besteht aus 8 großen und 8 kleinen Untereinheiten. Beim Zusammenbau des Komplexes im Stroma ist ein Chaperon beteiligt.

Die ATP-Synthase setzt den Protonengradienten über der Thylakoidmembran zur Synthese von ATP aus ADP und organischem Phosphat ein und ist damit ein Schlüsselenzym des Energiemetabolismus der Zelle. Es besteht aus einem löslichen F_1-Teil, der die Synthese von ATP katalysiert und einem membrangebundenen F_0-Teil, welcher für den Fluss der Protonen verantwortlich ist. Der F_1-Teil ist auf der Stromaseite lokalisiert und besteht aus 5 Untereinheiten, welche als α-, β-, γ-, δ- und ε-Untereinheiten bezeichnet werden. Der F_0-Teil besteht aus 4 Polypeptiden, die als I, II, III und IV bezeichnet werden [5, 7, 37].

In Abbildung 4 sind die Proteinkomplexe in der Thylakoidmembran dargestellt.

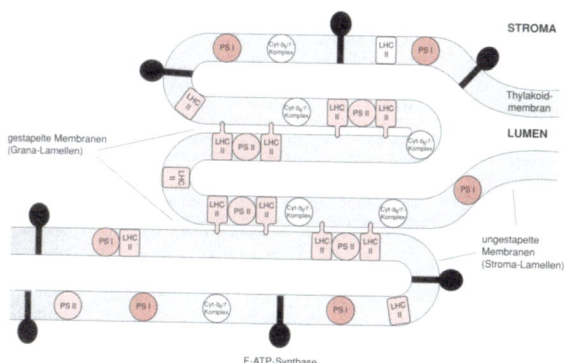

Abbildung 4: Verteilung der photosynthetischen Proteinkomplexe zwischen den gestapelten und ungestapelten Bereichen der Thylakoidmembran [7].

1.3 Grundlagen zur Analyse chloroplastidärer Proteinkomplexe

Chlorophyll und die anderen Pigmente sind proteingebunden und können nur als Protein-Chlorophyll (bzw. Protein-Pigment)-Komplexe aktiv sein. Das Studium der Proteine, die für die Photosynthese essentiell sind, setzte erst sehr spät ein. Die Ursache dafür liegt darin, dass es sich durchweg um membrangebundene Proteine handelt, deren Isolierung und Charakterisierung mit den klassischen Methoden der Proteinanalyse kaum oder gar nicht gelang. Die chromatographisch aufgetrennten - und somit isolierten - Pigmente sind für sich alleine genommen für die Photosynthese wertlos. Die Pigment-Protein-Komplexe, die meisten Proteine der Elektronentransportketten sowie die ATP-Synthetase, sind integrale Bestandteile der Thylakoidmembran Die Positionen in der Membran, und die relative Anordnung der Proteine zueinander sind die wichtigsten Voraussetzungen für die Energieumwandlung. Erst nach Entwicklung empfindlicher Verfahren, wie der Gelelektrophorese und dem kontrollierten Einsatz von Detergentien (z.B. Natriumdodecylsulfat: SDS), wurde es möglich, die Proteine aufzutrennen und zumindest als Banden in einem Gel zu identifizieren. Weiterhin können durch dieses Analyseverfahren die Molekulargewichte der jeweiligen Polypeptidketten bestimmt werden.

Ein zweiter, hiervon unabhängiger Ansatz ist die Verwendung spezifischer Sonden, z.B. fluoreszenzmarkierter Antikörper. Durch Einsatz der Gefrierätztechnik ist es so möglich, zu entscheiden, ob ein bestimmtes Protein oder ein Teil einer Polypeptidkette an der Innen- oder der Außenseite einer Membran exponiert ist. Mit Antikörpern gegen bestimmte Proteine gelingt es, das betreffende Protein aus einem Proteingemisch selektiv auszufällen, weil nur dieses den hochspezifischen Antigen-Antikörper-Komplex ausbilden kann [35].

Die Gelelektrophorese ist ein biochemisches Trennverfahren, bei der die Wanderung von geladenen Molekülen in einem elektrischen Feld zu deren Trennung ausgenutzt wird. Elektrophorese von Proteinen wird in einer elektrisch neutralen, festen Gelmatrix aus Polyacrylamid durchgeführt. Die aufgetrennten Proteine erscheinen nach der Elektrophorese und ihrer Färbung als Banden.

Das Wanderungsverhalten von Proteinen in den Gelen hängt von der Stärke des angelegten elektrischen Feldes, Größe und Form der Proteine sowie der Ionenstärke, der Porengröße und der Temperatur des Gels ab. Die Gele wirken aufgrund ihrer Porengröße wie Molekularsiebe, welche die Wanderung größerer Proteine verlangsamen oder vollständig blockieren, während kleinere Proteine ungehindert durch die Matrix wandern. Die Porengröße bei Acrylamidgelen wird von der Acrylamidkonzentration und vom Vernetzungsgrad bestimmt der durch die Bisacrylamidkonzentration im Gel festgelegt wird. Die Zusammensetzung des Gels aus Acrylamid und Bisacrylamid wird mit den Parametern T und C in Prozent angegeben. Dabei steht der T- Wert für die Konzentrationen an Acrylamid und Bisacrylamid. Der C Wert gibt das Verhältnis von Bisacrylamid zur Gesamtmenge von Acrylamid und Bisacrylamid an. Die Polymerisation wird durch freie Radikale gestartet, normalerweise durch das APS/TEMED-System. APS (Ammoniumpersulfat) zerfällt in wässriger Lösung spontan in ein Persulfatradikal, welches TEMED (N,N,N',N'-Tetramethylethylendiamin) aktiviert. Dieses wiederum aktiviert die Monomere, in- dem es ein Elektron überträgt.

Eine Verbesserung der Auflösung der Proteinbanden kann durch Verwendung von sog. Gradientengelen erreicht werden, bei denen sich die Porengröße innerhalb der Gelmatrix linear oder exponentiell verändert. Ein Problem ist, dass die Proben ein merkliches Volumen haben und infolge der apparativen Gegebenheiten die aufgetragenen Zonen durch ihre Breite die hohe Auflösung vermindern. Das kann durch Verwendung von diskontinuierlichen

Elektrophoresen verhindert werden. Dabei besteht das Polyacrylamidgel aus zwei Gelen unterschiedlicher Konzentration und unterschiedlicher Pufferung.

Eine diskontinuierliche Elektrophorese kann die SDS-Polyacrylamidgelelektrophorese (SDS-PAGE) sein. Die Proteine werden hierbei in Gegenwart eines Überschusses von Natriumdodecylsulfat (SDS) elektrophoretisch aufgetrennt. Das negativ geladene SDS lagert sich an die Proteine an und bringt soviel Ladung mit, dass die Eigenladungen der Proteine keine Rolle mehr spielen und alle Proteine zur Anode wandern. Gleichzeitig werden die Proteine denaturiert und wandern im Gel daher entsprechend ihres Molekulargewichtes. Die Wanderungsgeschwindigkeit der Proteine verhält sich dabei annähernd umgekehrt proportional zum dekadischen Logarithmus ihres Molekulargewichtes. Das gebräuchlichste SDS-Gelsystem ist das Laemmli-System [19]. Die Proteine werden im Sammelgel zu einer schmalen Bande aufkonzentriert. Für diesen Vorgang sind die im Laufpuffer vorhandene Glycin und Chloridionen verantwortlich. Unterhalb von pH 9 liegt Glycin fast nur als Zwitterion, d.h. in elektrisch neutraler Form vor und seine Mobilität ist gering. Dagegen ist die Mobilität der Chloridionen höher, die Mobilität der Proteinionen liegt dazwischen. Chloridionen wandern schneller zur Anode als Glycin und es entsteht ein lokaler Abfall in der Ionenkonzentration. Dies bewirkt ein Abfall der Leitfähigkeit. Da jedoch der Stromfluss überall gleich groß sein muss, steigt die Spannung und die langsamen Ionen werden beschleunigt. Treten sie dagegen in den Chloridbereich ein, so werden sie verlangsamt. Die Folge ist Konzentration aller Proben im Bereich ihrer Mobilität. Durch eine niedrige Polyacrylamidkonzentration im Sammelgel wird der Molekularsiebeffekt zum größten Teil verhindert. Im Trenngel bilden sich dann aufgrund des höheren pH mehr Glycinanionen. Die Mobilität von Glycin steigt und es überholt die Proteine, welche durch den Molekularsiebeffekt aufgetrennt werden. Es bilden sich feine und scharfe Banden.

Die Variante nach Schägger und v. Jagow, die sog. Tricin-SDS-PAGE, ergibt eine weiter verbesserte Auflösung im niedermolekularen Bereich durch die Verwendung von Tricin statt Glycin [31]. Da die Mobilität von Tricin relativ unabhängig vom pH ist, unterscheiden sich Sammel- und Trenngel in diesem System nicht voneinander. Tricin wandert im Sammelgel etwas schneller als Glycin, da Tricin unter den üblichen pH-Bedingungen (pH 6,8 - 8,8) in ionischer Form vorliegt. Dies hat zur Folge, dass sich die Proteine mit niedrigeren Molekulargewichten besser an der Salzfront im Sammelgel anordnen.

Die oben vorgestellten Gelelektrophoresen sind denaturierend. Um Proteine nativ aufzutrennen, sind nicht-denaturierende Gelsysteme erforderlich. Dabei muss auf denaturierende Substanzen weitgehend verzichtet werden. Die meisten nativen Gelsysteme lehnen sich an das Laemmli-System an.

Die nativen Gelelektrophoresen zur Auftrennung von hydrophoben Membranproteinen können in zwei Klassen eingeteilt werden:

1. Der pH-Wert des Gels liegt oberhalb oder unterhalb des isoelektrischen Punktes der Proteine, wodurch die Proteine eine negative bzw. positive Ladung erhalten. Die geladenen Proteine besitzen nun die Eigenschaft im elektrischen Feld zur Anode bzw. zur Kathode zu wandern.

2. Die Proteine werden mit sehr niedrigen Konzentrationen eines ionischen Detergenzes behandelt. Dies hat zu Konsequenz, dass alle Proteine, die das Detergenz angelagert haben, die gleiche Ladung erhalten und zur gleichen Elektrode wandern.

Eine neue Methode zur nativen gelelektrophoretischen Auftrennung von Membranproteinen sind die Blau Native Polyacrylamidgelelektrophorese (BN-PAGE) und die native

Polyacrylamidgelelektrophorese (Native-PAGE). Bei der BN-PAGE übernimmt Coomassie Blue die Aufgabe des SDS. Mit Coomassie Blue können Multiproteinkomplexe und Proteine mit niedrigeren Molekulargewichten aufgetrennt werden. Diese Methoden sind auch auf Proteine bzw. Proteinkomplexe anwendbar, deren isoelektrischen Punkte nicht bekannt sind. Das größte Problem der nativen Elektrophoresen ist die Membranproteinaggregation, die bei der BN-PAGE und bei der Native-PAGE umgangen wird, indem die Membranproteinkomplexe durch Solubilisierung gewonnen werden. Bei der BN-PAGE kommt es zur Bindung zwischen Coomassie Blue und den Proteinkomplexen. ε-Amino-n-capronsäure (ACA) wird bei der BN-PAGE als Salz verwendet und unterstützt sowohl die Bindung der Proteine an Coomassie Blue als auch die solubilisierende Eigenschaft von neutralen Detergentien. Als Puffersubstanz wird Bis-Tris verwendet, weil es eine der wenigen Basen ist, die einen pk-Wert im sauren Bereich hat und einen pH-Wert um 7,5 stabilisieren kann. Als Leition wird Tricin verwendet.

Aus einer Kombination von den bisher angesprochenen Elektrophoresen können zweidimensionale Elektrophoresen entstehen. Sie erlauben die Auftrennung einzelner Proteine nach verschiedenen Kriterien. Diese Technik eignet sich besonders zu Auftrennung komplexer Proteingemische. Eine gute Kombination für eine zweidimensionale Elektrophorese ergibt sich aus der BN-PAGE in der 1. Dimension und einer anschließenden Tricin-SDS-PAGE als 2. Dimension [9, 10].

Eine weitere zweidimensionale Elektrophorese, die für die Auftrennung von chloroplastidären Proteinkomplexen entwickelt wurde, ist die Grün Native PAGE (GN-PAGE) [2]. Bei der GN-PAGE nach Allen und Staehelin wird SDS oder LDS als ionisches Detergenz verwendet. Damit die Proteinkomplexe dadurch nicht denaturieren, muss die Konzentration dieser ionischen Detergenzien sehr gering gehalten werden.

1.4 Zielsetzung

Im Rahmen dieser Arbeit soll die Biogenese chloroplastidärer Proteinkomplexe und die Kinetik der Proteinassemblierung während der Ergrünung an Gerste untersucht und dokumentiert werden. Es sind eine Vielzahl von Proteinen an dem Prozess der Biogenese und der Regulation der Komplexe beteiligt, welche die Biosynthese und den Zusammenbau von Cofaktoren, Einfügen von Proteinen in die Membran, Faltung und Abbau von Proteinen steuern. Insgesamt enthält ein Chloroplast 2000 - 5000 verschiedene Proteine [28]. Die Bildung der einzelnen Proteine, der Zusammenbau dieser zu den Komplexen und die präzise Platzierung müssen genau aufeinander abgestimmt sein, da sonst durch freie Elektronen irreparable Schäden entstehen können.

Für diese Untersuchungen wird die Technik der BN-PAGE mit einer anschließenden zweiten denaturierenden Dimension verwendet um die etioplastidären, bzw. chloroplastidären Proteine nach unterschiedlich langer Belichtungszeit etiolierter Pflanzen aufzutrennen. Durch die BN-PAGE können die wichtigsten an der Photosynthese beteiligte Proteinkomplexe, wie der b_6f-Komplex, der LHC II-Komplex, die ATP-Synthase und die beiden Photosysteme, gemäß ihres Molekulargewichtes auf einem Polyacrylamidgel im elektrischen Feld aufgetrennt werden [11]. Die ungeladenen Proteinkomplexe werden mit Coomassie versetzt und erhalten dadurch eine negative Ladung, die es ihnen ermöglicht in Richtung der Anode zu wandern. Bei diesem Verfahren werden die Proteinkomplex nicht denaturiert oder in ihre Untereinheiten aufgetrennt. Die Solubilisierung kann durch nichtionische Detergenzien erfolgen, was das Risiko einer Denaturierung wesentlich verringert. Durch Bindung des Farbstoffes sind die Proteinkomplexe direkt nach dem Gellauf sichtbar und müssen nicht gefärbt werden. Durch eine Zeitreihe kann die Kinetik der Proteinassemblierung dokumentiert werden.

Durch eine anschließende denaturierende SDS-Tricin-PAGE werden die einzelnen Komplexe in ihre Untereinheiten aufgetrennt. Dies erlaubt zum einen die Identifikation der Komplexe, und gibt zum anderen darüber Auskunft, ob während der Biogenese neben den vollständigen Komplexen auch Subkomplexe vorliegen. Dies gibt Aufschluss darüber, ob der Zusammenbau der Komplexe zeitgleich mit der Produktion ihrer Untereinheiten abläuft.

Zum Färben beider Gele wird Coomassie Blue verwendet, da eine anschließende Massenspektroskopie möglich ist. Coomassie Blue hat außerdem den Vorteil, dass die Intensität der Färbung von der Proteinkonzentration im Gel abhängt, was für die Auswertung beider Dimensionen relevant ist.

2 Material und Methoden

2.1 Material

2.1.1 Chemikalien

Die verwendeten Chemikalien wurden von folgenden Firmen bezogen:

- Roth
- Fluka
- Merck
- Roche
- Serva
- Sigma

2.1.2 relevante Geräte

- BioRad, Protean II Xi Cell Elektrophoresekammer
- BioRad, Peristaltische Pumpe Econo Pump
- MMM, Klimaschrank Medcenter Friocell

2.1.3 Versuchsorganismus

Hordeum vulgare L. var. Alexis

2.2 Methoden

2.2.1 Pflanzenanzucht

Zur Anzucht der Gerste wurde zunächst etwa 100ml Saatgut 3 Stunden in Leitungswasser bei 24°C vorgequollen, in eine Plastikschale (40 x 30 cm) auf Floragard TKS 2 Instant Torf ausgesät, mit einem Zellstofftuch abgedeckt und angegossen. Anschließend wuchsen die Pflanzen 6 Tage lang im Dunkeln bei 24°C.

2.2.2 Belichtung

Die etiolierten, 6 Tage alten Pflanzen wurden für die 4- bis 24stündige Belichtung in dem Klimaschrank mit 550-600 $\frac{\mu mol\ Quanten}{m^2 \bullet s}$ mol Quanten Weißlicht bei 100% Ventilatorleistung und 25 C belichtet.

Die 2tägige Belichtung wurde im Anzuchtraum bei 24°C mit 14 Stunden täglicher Belichtung ebenfalls mit 550-600 $\frac{\mu mol\ Quanten}{m^2 \bullet s}$ mol Quanten durchgeführt.

2.2.3 Chloroplasten- bzw. Etioplastenisolierung

(nach Roughan (1987) [29], modifiziert)

Die zur Isolation benötigten Puffer und Glasgeräte wurden vorgekühlt und die Isolation möglichst schnell auf Eis durchgeführt.

160g Gerste wurde abgeschnitten und unter fließendem Leitungswasser kurz gewaschen, um eventuelle Verunreinigungen durch Pilze zu vermeiden. Anschließend wurde die Gerste in kleinen Stücken in einen Mixer mit auswechselbaren Rasierklingen gegeben, mit 170ml Isolationspuffer versetzt und durch 3-4maliges kurzes Mixen homogenisiert. Das aufgeschlossene Blattmaterial wurde dann zügig durch 3 Lagen Mulltuch filtriert, um nicht aufgeschlossenes Blattmaterial zu entfernen. Das Filtrat wurde auf 4 Zentrifugenröhrchen verteilt, jeweils mit 5,5ml eines 40% Percoll-Kissens unterschichtet und 4min bei 4°C mit 2000g mit einem „swing-out"-Rotor zentrifugiert. Der Überstand wurde verworfen und die Wand der Zentrifugenröhrchen trockengewischt.

Die Pellets wurden zusammen in 30ml Resuspensionspuffer aufgenommen und wiederum 4min bei 2000g und 4°C zentrifugiert. Der Überstand wurde verworfen und die Pellets mit einer kleinen Menge Resuspensionspuffer aufgenommen, in ein zuvor ausgewogenes Eppendorfgefäß überführt und in einer Eppifuge bei 4°C und 4000rpm für 10min zentrifugiert. Der Überstand wurde verworfen, das Pellet mit einem kleinen Streifen Filterpapier trockengesaugt und ausgewogen. Mit Resuspensionspuffer wurde eine Endkonzentration von 100 $\frac{\mu g\ Frischgewicht}{\mu l}$ eingestellt und geeignet aliquotiert. Die Proben wurden in flüssigem Stickstoff schockgefroren und anschließend bei -80°C gelagert.

<u>Modifikation für lösliche Proteine</u>

Die Plastiden wurden nicht eingefroren, sondern sofort weiterverarbeitet.

<u>Isolationspuffer:</u>

• 330mM Sorbitol

• 2mM HEPES/KOH Puffer pH 7,8

• 0,4mM KCl

• 0,04mM EDTA

<u>Resuspensionspuffer:</u>

• 330mM Sorbitol

• 2mM HEPES/KOH Puffer pH 7,8

• 0,4mM KCl

• 0,04mM EDTA

<u>40% Percoll-Kissen:</u>

• 330mM Sorbitol

• 2mM HEPES/KOH Puffer pH 7,8

• 0,4mM KCl

• 0,04mM EDTA

• 40% Percoll (erst unmittelbar vor der Isolation zugeben)

2.2.4 Mitochondrienisolierung

(nach Waegemann und Soll (1995) [42] modifiziert)

Die zur Isolation benötigten Puffer und Glasgeräte wurden vorgekühlt und die Isolation möglichst schnell auf Eis durchgeführt. 300g etiolierte Gerste wurde abgeschnitten und unter fließendem Leitungswasser kurz gewaschen, die Gerste in kleinen Stücken in einen Mixer gegeben, mit 600ml 4°C kaltem Aufschlusspuffer versetzt und durch 3-4maliges kurzes Mixen homogenisiert.

Das aufgeschlossene Blattmaterial wurde dann zugig durch 3 Lagen Mulltuch filtriert, um nicht aufgeschlossenes Blattmaterial zu entfernen. Anschließend wurde für 5min bei 4°C mit 3500g zentrifugiert, das Pellet verworfen und der Überstand für 30min bei 4°C mit 18000g zentrifugiert und der Überstand verworfen. Anschließend wurde das Pellet in Restflüssigkeit mit einem Pinsel vorsichtig resuspendiert. Die Suspension wurde 1-2mal mit einem „Dounce Homogenisator" behandelt, um die Organellen zu vereinzeln. Das Homogenisat wurde danach auf 6 diskontinuierliche Percollgradienten verteilt aufgetragen und für 45min bei 4°C mit

70000g mit einem „swing-out"-Rotor zentrifugiert. Bei dieser Methode handelt es sich um eine Dichtegradienten-Zentrifugation mit einer 45%igen, 23%igen und 14%igen Percoll-Lösung, bei der die Mitochondrien aufgrund ihrer Dichte von den anderen Bestandteilen abgetrennt werden. In je ein Zentrifugenröhrchen wurde 10ml 14%ige Percoll-Lösung vorgelegt und anschließend mit Hilfe einer Pipette vorsichtig mit 10ml der 23%igen Percoll-Lösung und danach mit 6ml der 45%igen Percoll-Lösung unterschichtet, so dass sich unten die dichteste Lösung befindet. Es entsteht eine bräunliche Bande mit gereinigten Mitochondrien im Grenzbereich zwischen der 45%igen und der 23%igen Percoll-Lösung.

Die Überstände wurden vorsichtig mit einer Wasserstrahlpumpe entfernt, die Bande mit einer Pasteurpipette abgezogen und 2-3mal mit Resuspensionspuffer gewaschen. Die Zentrifugationen hierzu wurden für 15min bei 4°C mit 18000g durchgeführt. Die Pellets wurden mit einer kleinen Menge Resuspensionspuffer aufgenommen, in ein zuvor ausgewogenes Eppendorfgefäß überführt und in einer Eppifuge bei 4° C und 18000rpm für 10min zentrifugiert. Der Überstand wurde verworfen, das Pellet mit einem kleinen Streifen Filterpapier trockengesaugt und ausgewogen. Mit Resuspensionspuffer wurde eine Endkonzentration von $100 \frac{\mu g \, Frischgewicht}{\mu l}$ eingestellt und geeignet aliquotiert. Die Proben wurden in flüssigem Stickstoff schockgefroren und anschließend bei -80°C gelagert.

Aufschlusspuffer, pH 7,8 (KOH):

• 0,4M Mannitol

• 0,1% BSA (Bovine Serum Albumine) (direkt vor Gebrauch zugeben)

• 1mM EGTA

• 25mM MOPS

• 5mM DTT (1,4-Dithiotreitol) (direkt vor Gebrauch zugeben)

2x-Resuspensionspuffer, pH 7,2 (KOH):

• 0,8M Mannitol

• 2mM EGTA

• 20mM KH_2PO_4

1x-Resuspensionspuffer, pH 7,2 (KOH):

• 1 Teil 2x-Resuspensionspuffer, pH 7,2 (KOH)

• 1 Teil Wasser

Percollgradient:

14%ige Percoll-Lösung:

- 10,5ml Percoll

- 37,5ml 2x-Resuspensionspuffer

- 27,0ml Wasser

23%ige Percoll-Lösung:

- 17,2ml Percoll

- 37,5ml 2x-Resuspensionspuffer

- 20,3ml Wasser

45%ige Percoll-Lösung:

- 16,9ml Percoll

- 17,7ml 2x-Resuspensionspuffer

- 1,9ml Wasser

2.2.5 BN-PAGE

(nach Kügler et al. (1997), modifiziert [11])

<u>Gießen des Gradientengels:</u>

Mit Hilfe eines Gels, dessen Porengröße von oben nach unten kontinuierlich zunimmt, kann eine große Anzahl verschieden großer Proteinkomplexe gleichzeitig aufgetrennt werden. Die benötigten Lösungen und Geräte wurden vorgekühlt und das Gießen fand bei 4°C statt, um eine vorzeitige Polymerisation des Acrylamids zu verhindern. Der Gelgießstand für ein 20 x 16 x 0,15cm großes Gel wurde vorbereitet, dabei wurden zwei Whatman-Streifen unter und ein Parafilm-Streifen über das Dichtungsgummi gelegt. Dann wurde eine Kanüle von unten durch das Dichtungsgummi zwischen die beiden Glasplatten eingeführt. Diese Kanüle ist durch einen Schlauch über die Pumpe mit einem Gradientenmischer verbunden. Als Overlay-Lösung dient eine Schlauchfüllung Wasser. Der Gradient wird mit Hilfe des Gradientenmischers erzeugt, wobei eine höher konzentrierte Lösung kontinuierlich mit einer weniger konzentrierten Lösung vermischt wird. Die zum Gießen erforderliche Apparatur ist nachfolgend dargestellt

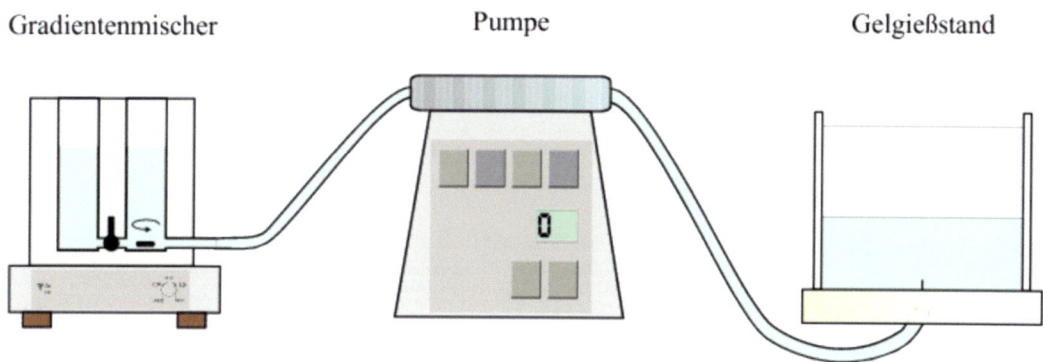

Gradientenmischer   Pumpe   Gelgießstand

Abbildung 5: Schema der Gelgießvorrichtung

Der Gradientenmischer steht auf einem Magnetrührer, die vordere Kammer ist mit einem Schlauch verbunden, welcher durch die Pumpe zum Gelgießstand führt. Der Hahn des Gradientenmischers muss bei Beginn geschlossen sein. Die 16%ige Lösung wurde in die hintere Kammer, und die 4,5%ige in die vordere des Gradientenmischers gegeben. Zu beiden Lösungen kam jeweils ein Rührfisch, TEMED und APS. APS ist der Polymerisationsstarter, da er Radikale freisetzt, TEMED stabilisiert die Radikale, so dass das Gel vollständig und gleichmäßig auspolymerisiert. Zu Beginn wurde eine Schlauchfüllung 4,5%ige Lösung vorgelegt, die beiden Flüssigkeitsstände der Kammern waren jetzt auf gleicher Höhe. Der Rührfisch wurde aus der hinteren Kammer entfernt und der Hahn geöffnet. Die Durchflussrate der Pumpe sollte dabei auf 8% stehen und langsam auf 15% (1ml/min) erhöht werden. Das Wasser und die 4,5%ige Lösung werden jeweils mit der spezifisch schwereren Acrylamidlösung unterschichtet. Kurz vor dem Ende wurde die Nadel gezogen und das Gel vorsichtig in die Wärme gebracht (Zimmertemperatur bis 35°C), wo es 30 - 70min je nach Temperatur zur Polymerisation benötigte. Nach dieser Zeit wurde das Wasser abgegossen und mit einem Streifen Filterpapier vollständig entfernt. Danach erfolgte das Gießen des 4%igen Probengels mit 10 Taschen. Das Gel wurde über Nacht mit ungezogenem Kamm bei 4°C gelagert.

Modifikation für lösliche Proteine

Für das Gradientengel wurde ein 4,0%ige und eine 13%ige Acrylamidlösung verwendet. Das Sammelgel hatte eine Konzentration von 3,5%.

Acrylamid 49,5T/3C:

- 48% Acrylamid

- 1,5% Bisacrylamid

- 30min mit Ionentauscher gerührt

6x Gelpuffer BN:

- 1,5M Amino-n-capronsäure (ACA)

- 150mM Bis-Tris

- pH 7,0 bei 4°C mit HCl

Ammoniumpersulfatlösung (APS):

- 10% Ammoniumpersulfat

4,5%ige Acrylamidlösung:

- 1,9ml Acrylamid 49,5T/3C

- 3,5ml 6x Gelpuffer BN

- 15,6ml Wasser

- 9,5μl TEMED[1]

- 95μl APS[1]

<u>16%ige Acrylamidlösung:</u>

- 6ml Acrylamid 49,5T/3C

- 3ml 6x Gelpuffer BN

- 6ml Wasser

- 3,5ml 100% Glycerin

- 6,1μl TEMED[1]

- 6,1μl APS[1]

<u>4%ige Acrylamidlösung für das Probengel:</u>

- 1,2ml Acrylamid 49,5T/3C

- 2,5ml 6x Gelpuffer BN

- 11,3ml Wasser

- 6,5μl TEMED[1]

- 65μl APS[1]

<u>Modifikation für lösliche Proteine</u>

<u>6x Gelpuffer BN:</u>

- 150mM Bis-Tris

- pH 7,0 bei 4°C mit HCl

---

[1] APS und TEMED erst unmittelbar vor dem Gießen zugeben.

4,0%ige Acrylamidlösung:

- 1,7ml Acrylamid 49,5T/3C

- 3,5ml 6x Gelpuffer BN

- 15,8ml Wasser

- 9,5μl TEMED[1]

- 95μl APS[1]

13%ige Acrylamidlösung:

- 4,85ml Acrylamid 49,5T/3C

- 3,1ml 6x Gelpuffer BN

- 7,05ml Wasser

- 3,5ml 100% Glycerin

- 6,1μl TEMED[1]

- 6,1μl APS[1]

3,5%ige Acrylamidlösung:

- 1,05ml Acrylamid 49,5T/3C

- 2,5ml 6x Gelpuffer BN

- 11,45ml Wasser

- 6,5μl TEMED[1]

- 65μl APS[1]

[1] APS und TEMED erst unmittelbar vor dem Gießen zugeben.

Probenvorbereitung:

Es wurde angenommen, dass die Chloroplasten 10% des Frischgewichtes Protein enthalten. Für die 1. Dimension (BN-PAGE) sollte etwa 500mg Protein pro Spur aufgetragen werden, die doppelte Menge wenn eine 2. Dimension folgt (Tricin-SDS-PAGE). Alle verwendeten Lösungen wurden vorgekühlt. Die eingefrorenen Chloroplasten wurden vorsichtig aufgetaut und in der Eppifuge bei 4°C und 4000rpm für 5min. zentrifugiert. Mitochondrien wurden bei 14000rpm pelletiert. Der Überstand wurde verworfen und die Pellets in 75µl ACA750 pro 1mg Protein aufgenommen und mit der Pipette vorsichtig homogenisiert. ACA750 ist ein Salz und unterstützt die Solubilisierung der Proteine. Anschließend wurden 15ml mit Wasser frisch angesetztes 10%iges n-Dodecylmaltosid pro 1mg Protein dazugegeben, wonach die Suspension aufklarte. Nun wurden die nicht löslichen Bestandteile in der Eppifuge bei 4°C und 14000rpm für30min abzentrifugiert und die Überstände mit 20µl 5%iger Coomassie Brilliant BlueG 250-Lösung pro 1mg Protein versetzt. Für nicht benutzte Spuren wurde ein Probenpuffer hergestellt.

Modifikation für lösliche Proteine

Die Plastiden wurden mit 300µl Probenpuffer versetzt und durch Ultraschall 3 mal 10sec bei mittlerer Stufe mit einem Microson Ultrasonic cell disruptor XL der Firma Misonix schonend aufgebrochen. Anschließend wurde bei 4°C und 14000rpm für 15min abzentrifugiert. Im Pellet befanden sich die Membranproteine, im Überstand die löslichen Proteine. Es wurde kein ACA750 und kein n-Dodecylmaltosid zugegeben und pro Spur 150µl aufgetragen.

ACA750:

• 750mM ε-Amino-n-capronsäure (ACA)

• 50mM Bis-Tris

• 0,5mM EDTA

• pH 7 (bei 4°C mit HCl)

5%ige Coomassie Brilliant Blue G 250-Lösung:

• 750mM ACA

• 5% Coomassie Brilliant Blue G 250

Probenpuffer:

• 68% ACA750

• 13% des 10%iges n-Dodecylmaltosid

• 18% der 5%ige Coomassie Brilliant BlueG 250-Lösung

Modifikation für lösliche Proteine

Probenpuffer:

• 550mM Mannit

• 50mM Bis-Tris

• 0,5mM EDTA

• pH 7,0 bei 4°C mit HCl

Gellauf der BN-Page:

Der Gellauf fand bei 4°C statt. Kurz vor dem Start wurden dem Kathodenpuffer 0,03% n-Dodecylmaltosid beigemischt. Kathoden- und Anodenpuffer sollten zwecks Vorinkubation ca. 25min vor dem Elektrophoresestart in die entsprechenden Kammern gefüllt werden. Der Probeneinlauf erfolgte bei 100V und max. 15mA. Nach 45min wurde die Stromstärke auf 15mA und max. 500V gestellt. Der Gellauf dauert ohne Probeneinlauf 6 - 7 Stunden. Das Gel sollte direkt danach mit Entfärber entfärbt und fixiert werden. Sollte sich eine Tricin-SDS-PAGE anschließen, wird nicht entfärbt.

Dem Kathodenpuffer für den Gellauf der löslichen Proteine wurde kein n-Dodecylmaltosid beigemischt.

5x Kathodenpuffer:

 250mM Tricin

• 75mM Bis-Tris

• 0,1% Coomassie 250G

6xAnodenpuffer:

• 300mM Bis-Tris

• pH 7 (bei 4°C mit HCl)

Entfärber:

• 38% Methanol

• 7,5% Essigsäure

Modifikation für lösliche Proteine

5x Kathodenpuffer:

• 250mM Tricin

• 75mM Bis-Tris

• 0,01% Coomassie 250G

2.2.6 Tricin-SDS-PAGE als zweite Geldimension für BN-Gele

(nach Schägger und von Jagow (1987) [31])

Probenvorbereitung

Es wurde eine Gelspur aus einem BN-Gel ausgeschnitten und für 30min in einer Denaturierungslösung inkubiert. Nach dieser Zeit wurde der Streifen für 30-60s mit Wasser abgespült, auf die kleinere Glasplatte in Höhe des sonst vorhandenen Probenvolumens transferiert und die Gelvorrichtung mit einer Dimension von 16 x 20cm und 1,0mm dicken Spacern zusammengebaut. Trenn- und Spacergel wurden gemeinsam gegossen, um eine Vernetzung zugewährleisten. Um beim Gießen Verwirbelungen zu vermeiden, wurde die Trenngellösung mit Glycerin beschwert, außerdem wurde die gesamte Gelgießvorrichtung fast waagrecht gehalten, damit die Spacergellösung langsam auf die Trenngellösung gleiten kann. Zur Begradigung der Spacergeloberfläche diente etwas Overlay-Lösung. Nach der Polymerisation wurde diese Lösung wieder entfernt und das Probengel gegossen, in welches der Gelstreifen eingebettet wurde.

Das Gel für die löslichen Proteine wurde ohne Spacergel gegossen.

Gellauf

Das Gel wurde je nach Bedarf 12 - 14 Stunden bei 30mA je mm Geldicke und maximal 500V bei Zimmertemperatur laufen gelassen.

Für die löslichen Proteine wurde für den Probeneinlauf (mind. 45min.) 30V eingestellt.

Denaturierungslösung:

• 1% SDS

• 1% β –Mercaptoethanol

Gelpuffer Tricin:

• 3M Tris

• 0,3% SDS pH 8,45 (mit HCl)

16,5%iges Trenngel:

- 10ml Acrylamid 49,5T/3C

- 10ml Gelpuffer Tricin

- 4ml 87% Glycerin

- 12ml Wasser

- 9,7µl TEMED[1]

- 97µl APS[1]

10%iges Spacergel:

- 2ml Acrylamid 49,5T/3C

- 3,4ml Gelpuffer Tricin

- 9,2ml Wasser

- 3,4 µl TEMED[1]

- 34µl APS[1]

10%iges Probengel:

- 2ml Acrylamid 49,5T/3C

- 3,4ml Gelpuffer BN

- 1ml 100% Glycerin

- 100µl 10% SDS

- 3,4ml Wasser

- 10µl TEMED[1]

- 100µl APS[1]

[1] APS und TEMED erst unmittelbar vor dem Gießen zugeben.

Overlay-Lösung:

• 1M Tris

• 0,1% SDS

Kathodenpuffer:

• 0,1M Tris

• 0,1M Tricin

• 0,1% SDS

Anodenpuffer:

• 0,2M Tris

Modifikation für lösliche Proteine

10%iges Trenngel:

• 8,05ml Acrylamid 49,5T/3C

• 13,35ml Gelpuffer Tricin

• 5,35ml 87% Glycerin

• 13,25ml Wasser

• 10µl TEMED[1]

• 100µl APS[1]

5%iges Probengel:

• 1ml Acrylamid 49,5T/3C

• 1,65ml Gelpuffer BN

• 1ml 100% Glycerin

• 100ml 10% SDS

• 6,35ml Wasser

• 8,3µl TEMED[1]

• 83µl APS[1]

[1] APS und TEMED erst unmittelbar vor dem Gießen zugeben

2.2.7 Coomassie-colloidal Färbung von Proteingelen:

(nach Neuhoff et al. (1990) [25])

Nach dem Gellauf wurden das Gel 1 Stunde im Fixierer inkubiert und danach für mind.
3 Stunden mit der Färbelösung behandelt. Entfärbt wurde mit viel Wasser.

Lösung A:

• 2% ortho-Phosphorsäure (85%)

• 10% Ammoniumsulfat

Lösung B:

• 5% Coomassie Blue G250

Fixierer:

• 40% Methanol

• 2% Essigsäure

Färbelösung:

• 98% Lösung A

• 2% Lösung B

• über Nacht schütteln

2.2.8 Auswertung und Identifizierung

Die Gele wurden eingescannt, in Folie eingeschweißt und bei 4°C gelagert. Einige
Untereinheiten nicht-identifizierbarer Proteinkomplexe wurden aus den jeweiligen Gelen
ausgestochen, gefriergetrocknet und Herrn Dr. Volker Kruft, Applied Biosystems, D-63225
Langen zur Massenspektroskopie übergeben.

3 Ergebnisse

3.1 Präparation von Organellen aus ergrünender Gerste

Es wurden Plastiden aus 6 Tagen alten und im Dunkeln angezogenen Gerstekeimlingen isoliert und bei -80°C gelagert. Die Etioplasten wurden aus Keimlingen gewonnen, welche sofort nach Entnahme aus dem Dunkelschrank weiterverarbeitet wurden. Für die Chloroplastenisolierung wurden die Pflanzen nach Entnahme für eine bestimmte Zeit belichtet. Die Proteinfraktionen der Plastiden wurden nach der Probenvorbereitung für den Gellauf auf ein BN-Gel aufgetragen und die Ergebnisse miteinander verglichen. Die Proteinkomplexe sind als Banden zu erkennen. Anfangs wurde eine Mitochondrienfraktion mit aufgetragen, welche als Größenmarker diente. Die großen Proteinkomplexe der Mitochondrien aus Kartoffel wurden von Jänsch et al. 1996 durch eine BN-PAGE charakterisiert und dienten als Referenz [10].

Es wurde von 10% Gesamtprotein des Frischgewichtes in den Fraktionen ausgegangen. Anhand dieser Schätzung wurde zwischen 0,4mg und 0,5mg Protein pro Spur aufgetragen. Leider schwankten die Proteingehalte innerhalb des Pflanzenmaterials, so dass die Banden unterschiedlich stark ausgeprägt waren. Ein Vergleichen der Bandenbreite und -färbung, welche Auskunft über die relative Konzentration des Proteins geben, war somit unmöglich. Eine vorherige Proteinbestimmung der Fraktionen ergab leider keine brauchbaren Ergebnisse und kostete wertvolle isolierte Organellen. Daher wurde mit jeder neuen Fraktion ein Probelauf durchgeführt, mit dessen Hilfe die aufzutragende Menge abgeschätzt werden konnte und die Banden gleichmäßiger ausfielen. Diese Abschätzung wurde anhand der Bande der F_1-ATPase durchgeführt, welche immer konstant blieb.

Durch eine Vorversuchsreihe wurde ermittelt, welche Belichtungszeiten hinsichtlich der Veränderung des Protein-Komplex-Musters interessant sind. Dabei zeigte sich, dass sich das Bandenmuster in den ersten Stunden der Belichtung relativ wenig verändert, dafür aber die Belichtungszeiten zwischen 6h und 9h sehr interessant sind. Zwischen 9h und 24h Belichtung nahmen hauptsächlich die chlorophyllhaltigen Proteinkomplexe zu. Ein abschließender 48h-Wert zeigte, dass die Transformation nach 24h Belichtung noch nicht vollständig ist. So wurde schließlich eine Zeitreihe mit Belichtungszeiten von 0h, 4h, 6h, 7,75h, 9h, 12h, 24h und 48h aufgestellt, anhand derer man die Kinetik gut verfolgen kann. Um die Ergebnisse zu verifizieren, wurde die Zeitreihe nochmals mit einer Plastidenfraktion aus einer anderen Anzuchtsreihe wiederholt.

Da die Isolierungen im Licht stattfanden, hatte die Protochlorophyllid-Oxidoreduktase (POR) im Etioplasten Gelegenheit wirksam zu werden. Bei Belichtung werden aus den Plastoglobuli und dem Prolamellarkörper die photochemisch aktiven Thylakoide aufgebaut und Protochlorophyllid, bzw. Protochlorophyll wird in Chlorophyll umgewandelt. Letztere Reaktion wird von der POR katalysiert [18]. Weitere Bestrahlung mit Licht führt zu einer Desaggregation der Prolamellarkörper und zum proteolytischen Abbau der POR [38, 1]. Um zu überprüfen, ob sich diese Veränderung auch auf dem BN-Gel sichtbar machen lässt, wurden Etioplasten im grünem Sicherheitslicht isoliert und die Fraktion neben einer Fraktion mit im Licht isolierten Etioplasten aufgetragen. Es waren jedoch keine Unterschiede im Bandenmuster zu erkennen. Wahrscheinlich waren die Unterschiede noch zu gering, um auf dem Gel sichtbar zu sein, oder das grüne Sicherheitslicht sowie das Licht bei der Probenvorbereitung haben bereits trotz Abdunkelung der Probe für die photobio- chemische

Reaktion ausgereicht. Weitere Erkenntnisse wird die 2. Dimension und die Ergebnisse der Massenspektroskopie liefern, welche zurzeit noch nicht vorhanden sind.

3.2 Zweidimensionale Auftrennung plastidärer Proteinkomplexe mittels BN-/ Tricin-SDS-PAGE

Auf der 1. Dimension sind die Proteinkomplexe als Banden zu erkennen. Grüne Banden weisen auf chlorophyllhaltige Komplexe hin. Durch die mit aufgetragene Mitochondrienfraktion konnte auch eine grobe Zuordnung der Molekulargewichte erfolgen. Jedoch lassen sich ohne weitere Untersuchungen die Komplexe nicht eindeutig zuordnen. In der 2. Dimension werden die Proteinkomplexe in ihre Untereinheiten aufgetrennt. Dadurch ergibt sich ein charakteristisches Punktemuster. Kennt man Anzahl und Größe der Untereinheiten kann man über diese Punkte (Spots) die zugehörigen Proteinkomplexe identifizieren.

Für die 2. Dimension wurden Gelstreifen der 1. Dimension verwendet, welche mit der doppelten Menge an Protein beladen worden waren, als Gelstreifen der 1. Dimension, welche nicht für die 2. Dimension bestimmt waren. Es wurden die Gelstreifen der Proteinfraktionen mit den Belichtungszeiten 0h, 7,75h, 24h und 48h verarbeitet. Auf jedem BN-Gel, welches für die 2. Dimension verwendet werden sollte, wurde neben der doppelt beladenen Spur noch eine mit der gleichen Fraktion einfach beladen. Dieser Streifen wurden bei der Auswertung elektronisch horizontal über die 2. Dimension gelegt, um die Untereinheiten den Komplexen zuordnen zu können. Das Gel der 2. Dimension wurde nach dem Lauf mit einer colloidalen Coomassielösung gefärbt, welche empfindlicher als die normale Coomassie-Färbelösung ist und so noch Proteine mit geringer Konzentration sichtbar macht. Es wurden jeweils 2 Gele der 2. Dimension angefertigt, einmal mit 16h Laufzeit und einmal mit 12h Laufzeit. Bei 16h Laufzeit wurden die Proteine sehr gut aufgetrennt, allerdings waren einige kleine Proteine bereits aus dem Gel herausgelaufen. Bei 12h Laufzeit ist die Lauffront noch zu erkennen. Dadurch wurde sichergestellt, dass kein Protein verloren ging. An der Lauffront ist auch an manchen Stellen freies Chlorophyll zu erkennen, was auf einen ehemaligen chlorophylltragenden Komplex hinweist. Die 48h-Gel liegen nur mit 12h Laufzeit vor.

3.3 Identifikation der Proteinkomplexe und deren Untereinheiten

Die Spots auf der 2. Dimension können durch verschiedene Kriterien beurteilt werden:

1. Die Position in horizontaler Richtung spiegelt das Molekulargewicht des zugehörigen Komplexes wider.

2. Die Position in vertikaler Richtung spiegelt das Molekulargewicht der Untereinheit wider.

3. Anhand der Intensität der Färbung lässt sich die relative Proteinmenge abschätzen. Dadurch lassen sich Aussagen machen, ob ein Protein im Komplex mehrmals vorkommt.

4. Durch waagrechte Schmierlinien verbundene Spots sind wahrscheinlich identische Proteine in Komplexen und Subkomplexen.

5. Untereinanderstehende Spots repräsentieren Untereinheiten, welche zum gleichen Komplex gehören. Man muss jedoch sehr genau beobachten, ob Proteine wirklich untereinander angeordnet oder ein wenig versetzt sind.

6. Ein schmierender Spot weist auf ein Protein mit vielen hydrophoben Aminosäuren hin.

Bei Auswertung der Gele können Probleme auftreten, da die Gele in horizontaler und vertikaler Richtung nicht gleichmäßig, sondern etwas schräg laufen. Untereinheiten eines Komplexes beschreiben so eine flache Kurve und es ist schwer zu erkennen, ob sie untereinander stehen. Identische Proteine scheinen durch diesen Effekt auch ein unterschiedliches Molekulargewicht zu besitzen. Daher sind die Angaben des Molekulargewichtes nicht als exakt zu verstehen. Nicht alle Untereinheiten eines Komplexes sind zu sehen und es können auch Subkomplexe vorkommen, welche nur einen Teil der Untereinheiten besitzen. Es ist schwer zu entscheiden, ob es sich dabei um Auf- bzw. Abbauprodukte oder um Präparationsartefakte handelt. Bei Proteinkomplexen kann es vorkommen, dass sie anscheinend ein anderes Molekulargewicht als vorhergesagt besitzen. Diese Diskrepanz zwischen apparentem und kalkuliertem Molekulargewicht ist komplexspezifisch und muss bei der Auswertung berücksichtigt werden.

Um die Komplexe zu identifizieren, muss man ihre Zusammensetzung aus den einzelnen Untereinheiten und deren Größe kennen. Die bekanntesten Komplexe wurden in der Einführung Kapitel 1.2 bereits vorgestellt und sollen hier nicht weiter besprochen werden. Diese Informationen reichen aber nicht aus, um einen Komplex eindeutig zu identifizieren. Es sind daher noch weitere Untersuchungen nötig. Kügler et al. 1997 trennten Chloroplastenproteine des Tabaks über eine BN-PAGE mit anschließender Tricin-SDS-PAGE auf und sequenzierten N-terminale Aminosäuresequenzen einzelner Untereinheiten durch den cyclischen Edman-Abbau [11]. Die ansequenzierten Untereinheiten waren für Tabak in dieser Diplomarbeit bereits bekannt:

1. PsaH von PS II

2. kleine Untereinheit der RubisCO

3. α-Untereinheit der ATP-Synthase

4. Cyt-f vom b_6f-Komplex

5. Rieske-Protein vom b_6f-Komplex

6. Cyt-b vom b_6f-Komplex

7. Untereinheit IV vom b_6f-Komplex

8. Cyt-b_{559} vom PS II

Sind für eine Untereinheit einige Aminosäuresequenzen durch Sequenzierung bekannt und das Protein für eine relativ nah verwandte Pflanze bereits in Datenbanken beschrieben, können nach übereinstimmenden Sequenzen gesucht werden. Da für die vorliegende Arbeit die gleichen präparativen Verfahren angewandt wurden, konnten die Ergebnisse von Kügler et al. (1997) [11] zur Identifizierung übernommen werden.

In Tabelle 1 sind die Komplexe und ihre Untereinheiten nochmals in übersichtlicher Form dargestellt.

Proteinkomplex	Untereinheiten
PS I + LHC-Chl (540kDa)	PsaA (83kDa)
	PsaB (83kDa)
	9 UE (<18kDa)
	LHC-Chlorophyll-Proteine (20-24kDa)
LHC II (~ 25kDa)	3 UE (25, 27, 28kDa)
PS II (250kDa)	D1 (32kDa)
	D2 (34kDa)
	CP47 (47kDa)
	CP43 (43kDa)
	Cyt-$b_{559\alpha+\beta}$ (9+5kDa)
	Q, P, MSP (16, 23, 33kDa)
	PbsQ
	PbsB
Cytochrom b_6f-Komplex (105kDa)	Cyt-f (32kDa)
	Cyt-b_6 (24kDa)
	Rieske-Protein (19kDa)
	UE IV (17kDa)
	Pet M, G, L (<5)
ATP-Synthase (520kDa)	F_1: 9 UE ($\alpha,\beta,\gamma,\delta,\epsilon$) (390kDa)
	F_0: 15 UE (I, II, III, IV) (160kDa)
RubisCO (536kDa)	8 UE (53kDa)
	8 UE (14kDa)

Die Daten wurden aus [11, 12, 34, 7] entnommen

Tabelle 1: Chloroplastidäre Proteinkomplexe und deren Untereinheiten

In den folgenden Abbildungen wurden die Untereinheiten durch Kreise verschiedener Farben markiert. Dabei sind alle Untereinheiten eines Komplexes durch eine Farbe gekennzeichnet.

Über den Gelen der 2. Dimension ist der dazugehörige Streifen der 1. Dimension abgebildet.

Die mit X_n und U_n beschrifteten Komplexe konnten nicht identifiziert werden.

Untereinheiten der U_n-Komplexe wurden jedoch zur Sequenzierung durch eine Massenspektroskopie gegeben. Die betreffenden Untereinheiten sind etwas dicker umrandet. Die Ergebnisse der Massenspektroskopie liegen noch nicht vor.

Subkomplexe sind durch eine eckige Klammer gekennzeichnet.

Versuch I wurde jeweils mit 16h und Versuch II mit 12h Laufzeit angefertigt.

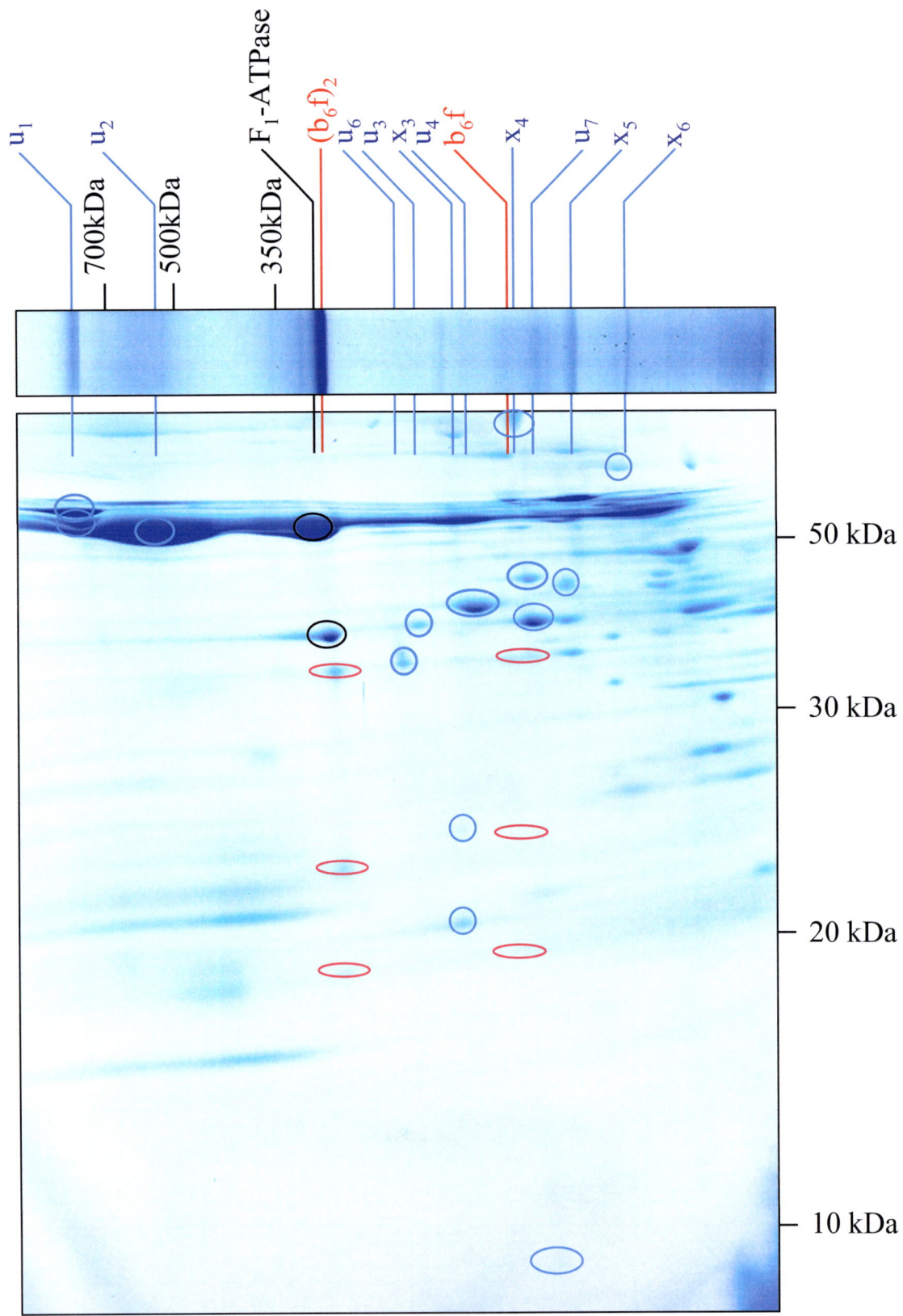

Abbildung 6: Plastidäre Proteinkomplexe nach 0h Belichtung, Versuch 1

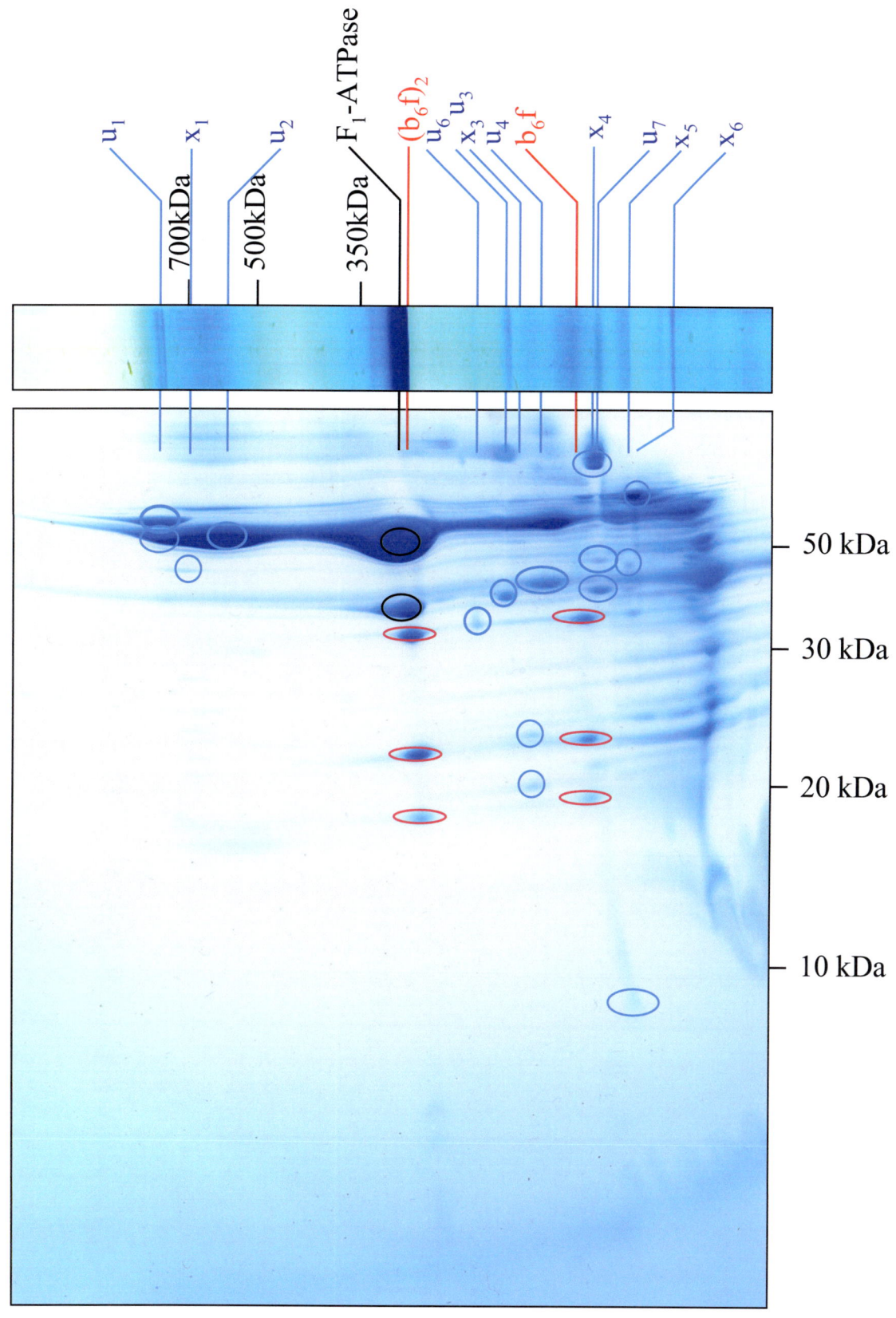

Abbildung 7: Plastidäre Proteinkomplexe nach 0h Belichtung, Versuch 2

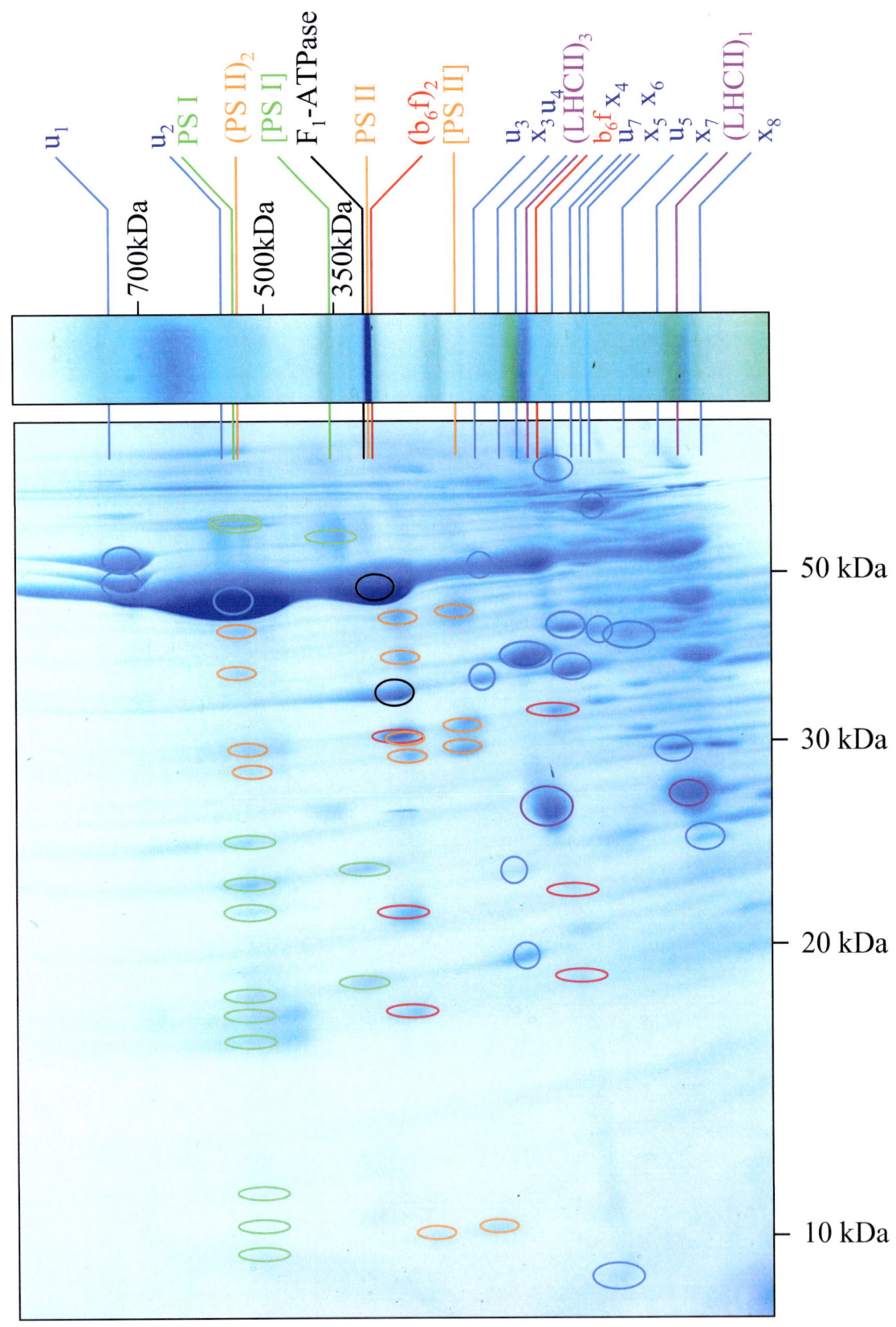

Abbildung 8: Chloroplastidäre Proteinkomplexe nach 7,75h Belichtung, Versuch 1

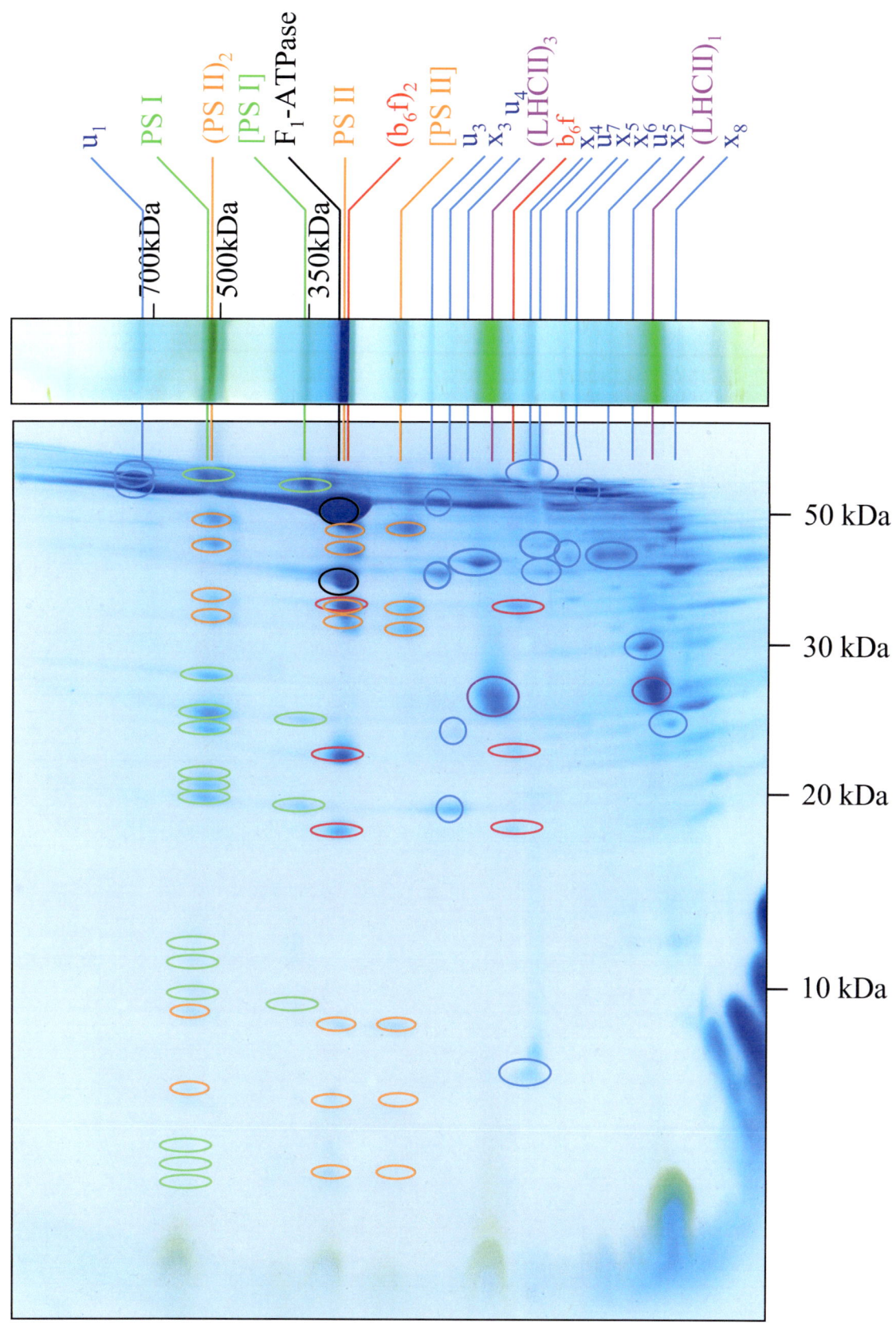

Abbildung 9: Chloroplastidäre Proteinkomplexe nach 7,75 h Belichtung, Versuch 2

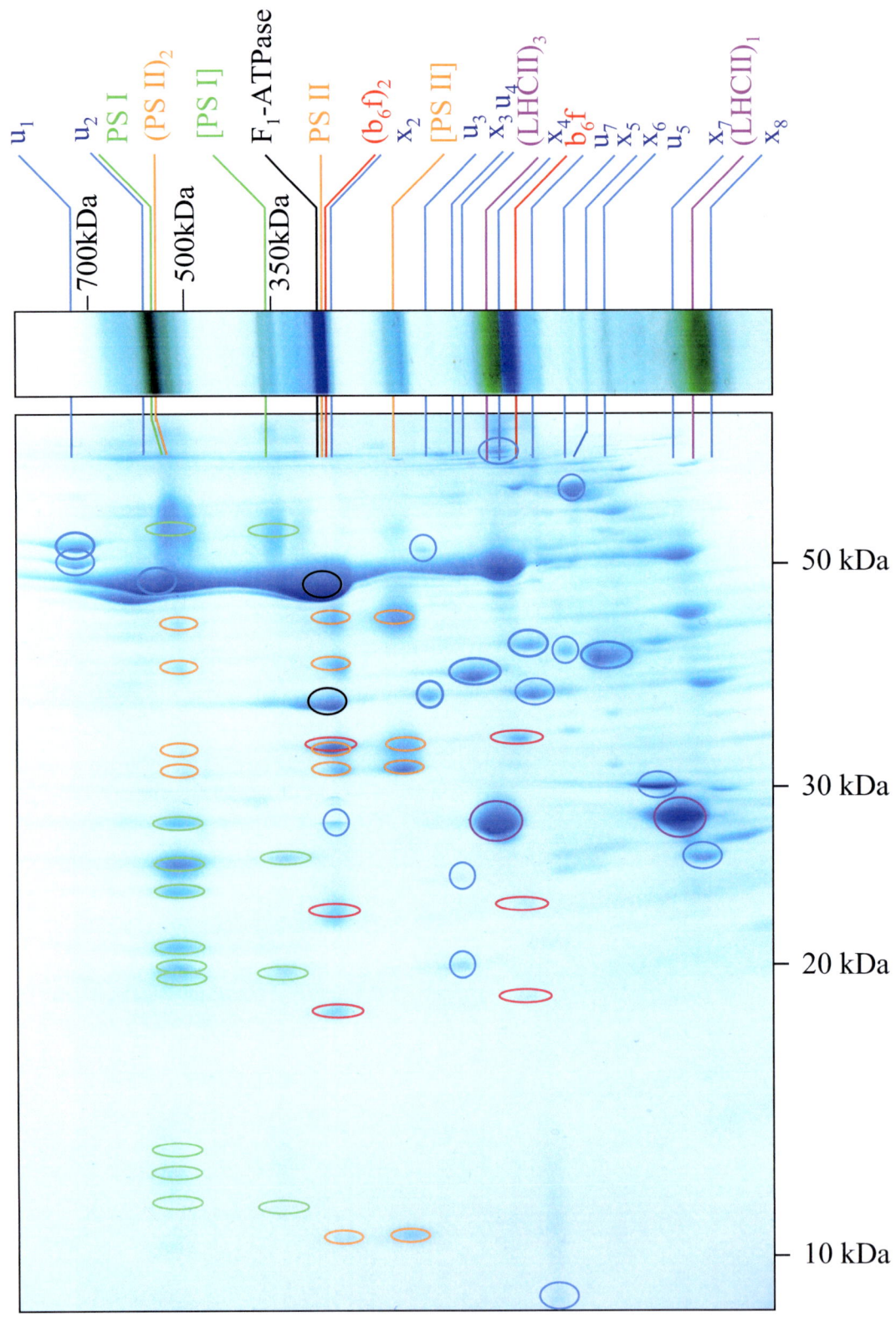

Abbildung 10: Chloroplastidäre Proteinkomplexe nach 24h Belichtung,
Versuch 1

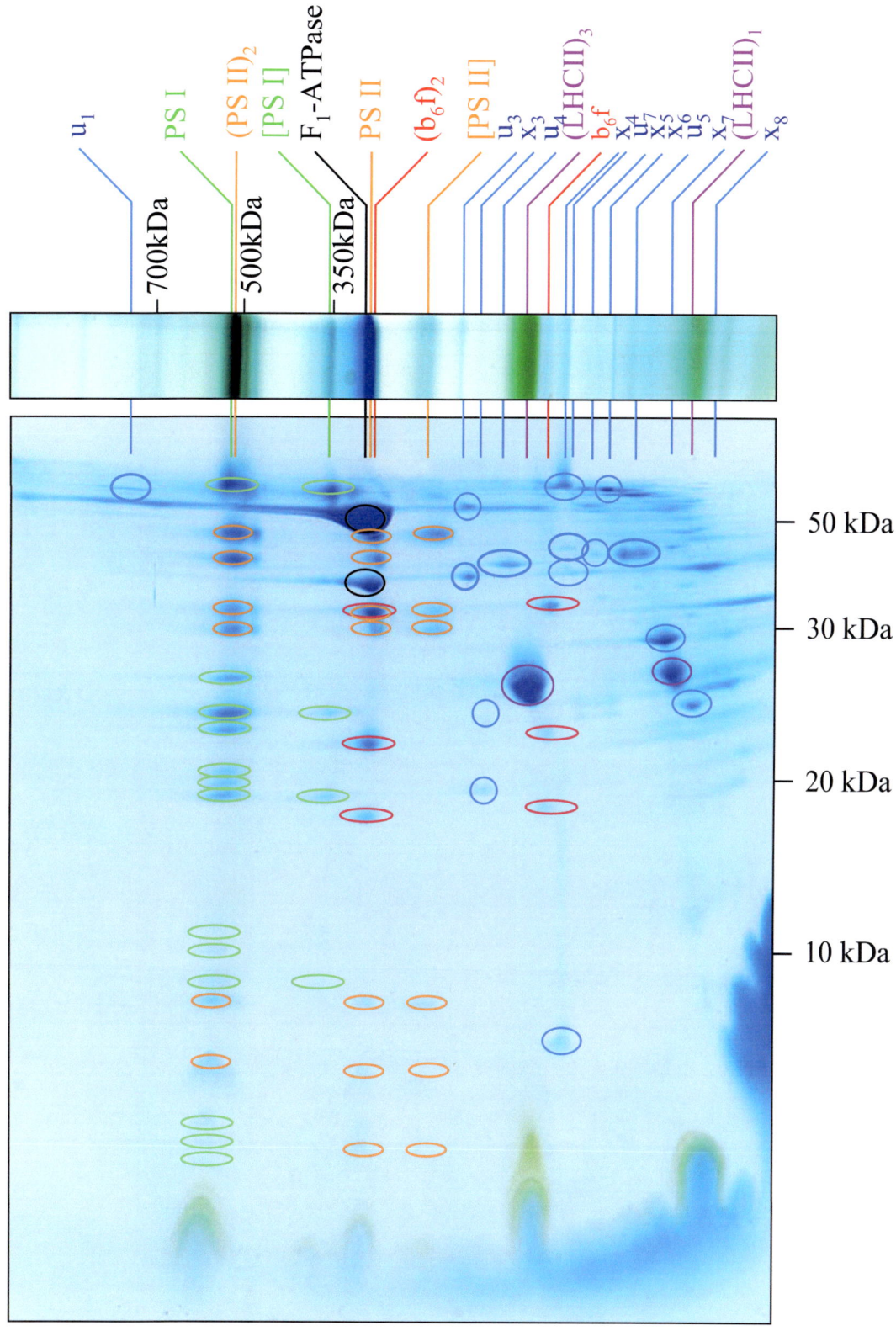

Abbildung 11: Chloroplastidäre Proteinkomplexe nach 24h Belichtung, Versuch 2

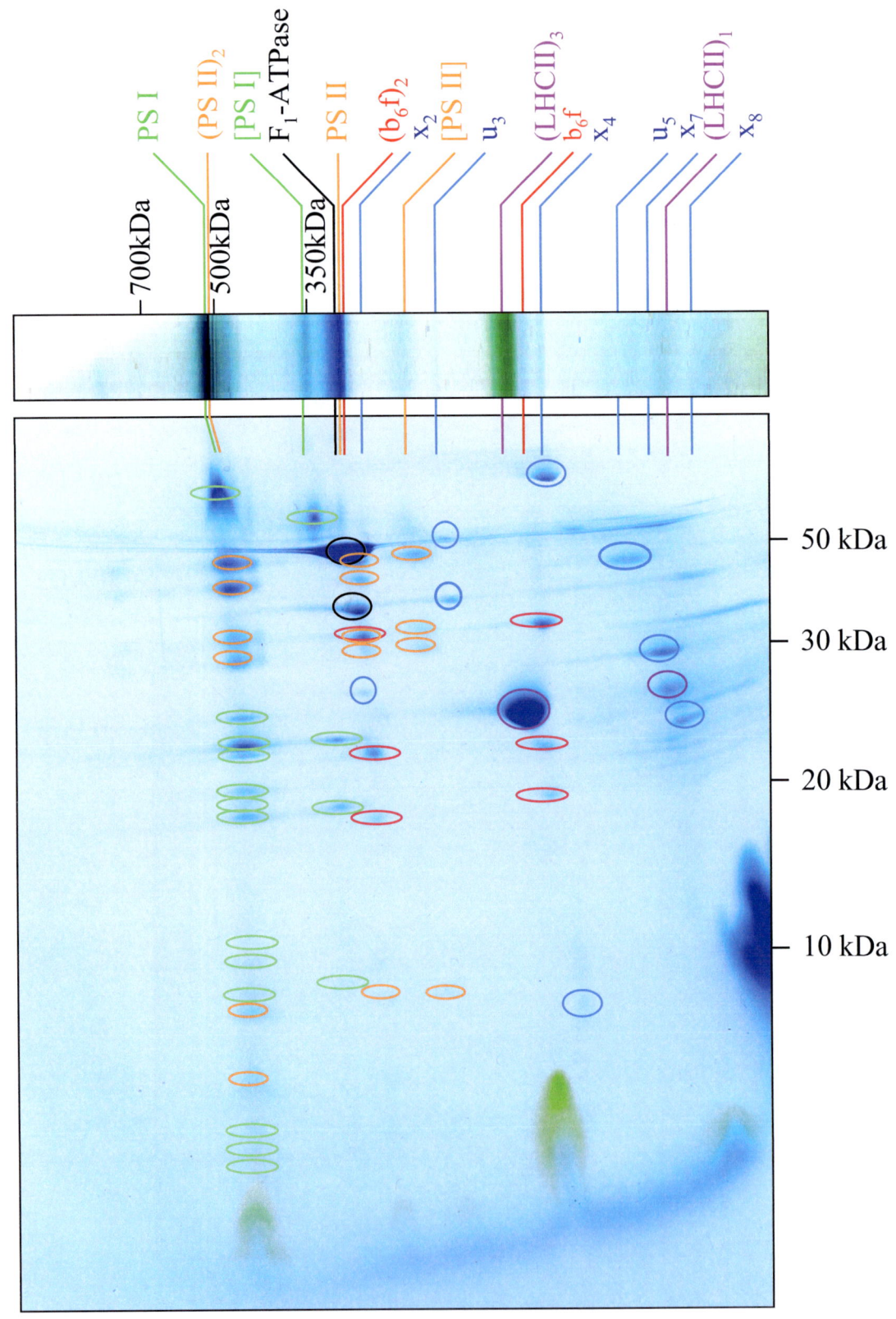

Abbildung 12: Chloroplastidäre Proteinkomplexe nach 48h Belichtung

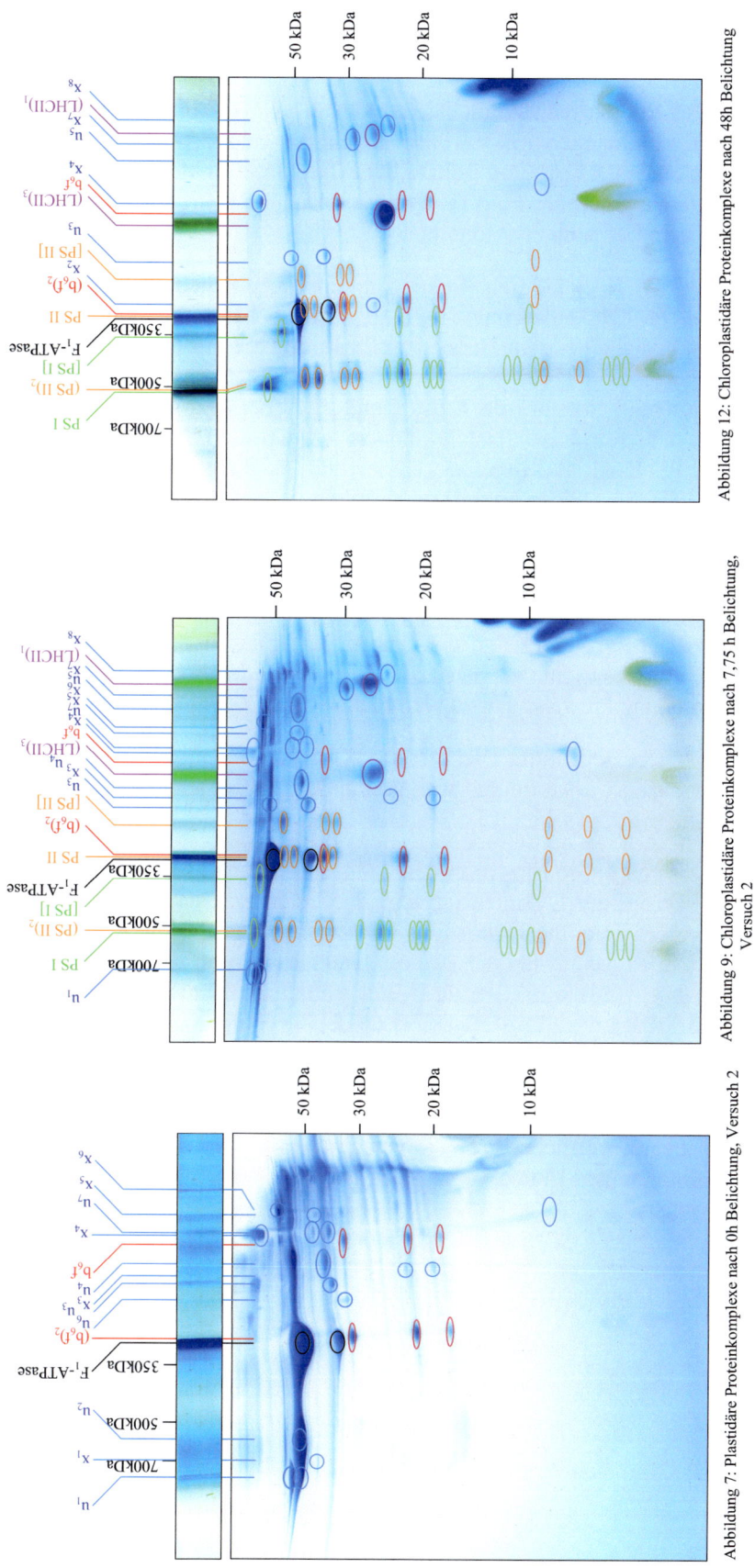

Abbildung 13: Chloroplastidäre Proteinkomplexe nach 0h, 7,75h und nach 48h Belichtung

Auf den Gelen der Etioplastenfraktion (siehe Abb. 6 und 7) konnte der F_1-Teil der ATP-Synthase (in den Abbildungen mit ATPase abgekürzt) und der b_6f-Komplex identifiziert werden. Zu sehen sind das Cyt-f mit 32kDa, das Cyt-b_6 mit 24kDa, das Rieske-Protein mit 19kDa und 2 Untereinheiten der F_1-ATP-Synthase. Der b_6f-Komplex kommt als Dimer vor und erscheint auf dem Gel auch als Monomer.

Auf den Gelen der 7,75h-Belichtungsfraktion (siehe Abb. 8 und 9) kann man die beiden Photosysteme und den LHC II-Komplex zusätzlich zum b_6f-Komplex und der ATP-Synthase sehen. PS I liegt sehr nahe bei dem Dimer von PS II, da PS I mit LHC-Chlorophyllproteinen (LHC-Chl) assoziiert ist und daher bei einem höheren Molekulargewicht läuft. Man kann die beiden größten Untereinheiten des PS I, PsaA und PsaB bei 83kDa und 82kDa sowie einige LHC I-Chl und andere kleine Untereinheiten erkennen. PS I kommt nochmals als Subkomplex vor. PS II ist als Monomer, Dimer und als Subkomplex zu sehen. Man kann CP47 und CP43, D1 bei 32kDa und D2 bei 34kDa sowie einige kleinere Untereinheiten erkennen. Der LHC II-Komplex kommt als Trimer und als Monomer mit jeweils einer Untereinheit vor. Im Unterschied zu den Etioplasten sind U_6 und X_1, welche nur auf einem 0h-Gel zu sehen war, nicht mehr vorhanden. Neu dazugekommen sind U_5, X_7 und X_8.

Im Unterschied zu den 7,75h Gel sind die Untereinheiten bei den 24h-Gelen (siehe Abb. 10 und 11) der beiden Photosysteme und des LHC-Komplexes deutlicher geworden, was auf eine Konzentrationserhöhung hinweist. Hinzugekommen ist nur X_2.

Zwischen 24h und 48h Belichtung (siehe Abb. 12) hat sich einiges verändert. Die 4 großen Komplexe sind wie zu erwarten immer noch vorhanden, jedoch sind U_1, U_2, U_4, U_6, U_7 sowie X_3, X_5 und X_6 nicht mehr zu sehen.

Die RubisCO ist das häufigste Enzym in den Chloroplasten und hätte als intensive Bande im Bereich von 540kDa auf der 1. Dimension und als 2 intensive Spots auf der 2. Dimension zu finden sein müssen. Es kam die Überlegung auf, ob eventuell U_2 die RubisCO sein könnte. Dagegen spricht jedoch das Fehlen der zweiten Untereinheit und dass die RubisCO nach 48h Belichtung verschwunden sein müsste, da U_2 auf Abbildung 12 nicht mehr zu sehen ist. Eine Erklärung für das Fehlen der RubisCO liefert die Behandlung der isolierten Plastiden. Diese wurden eingefroren und nach dem Auftauen für die Probenvorbereitung abzentrifugiert und der Überstand verworfen. Durch das Einfrieren wurden die Plastiden zerstört und die lösliche RubisCO wurde offensichtlich mit dem Überstand entfernt. Um diese These zu überprüfen, wurde eine 2. Dimension löslicher Proteine von Etioplasten und Chloroplasten durchgeführt, welche auf den Abbildungen 14 und 15 zu sehen ist.

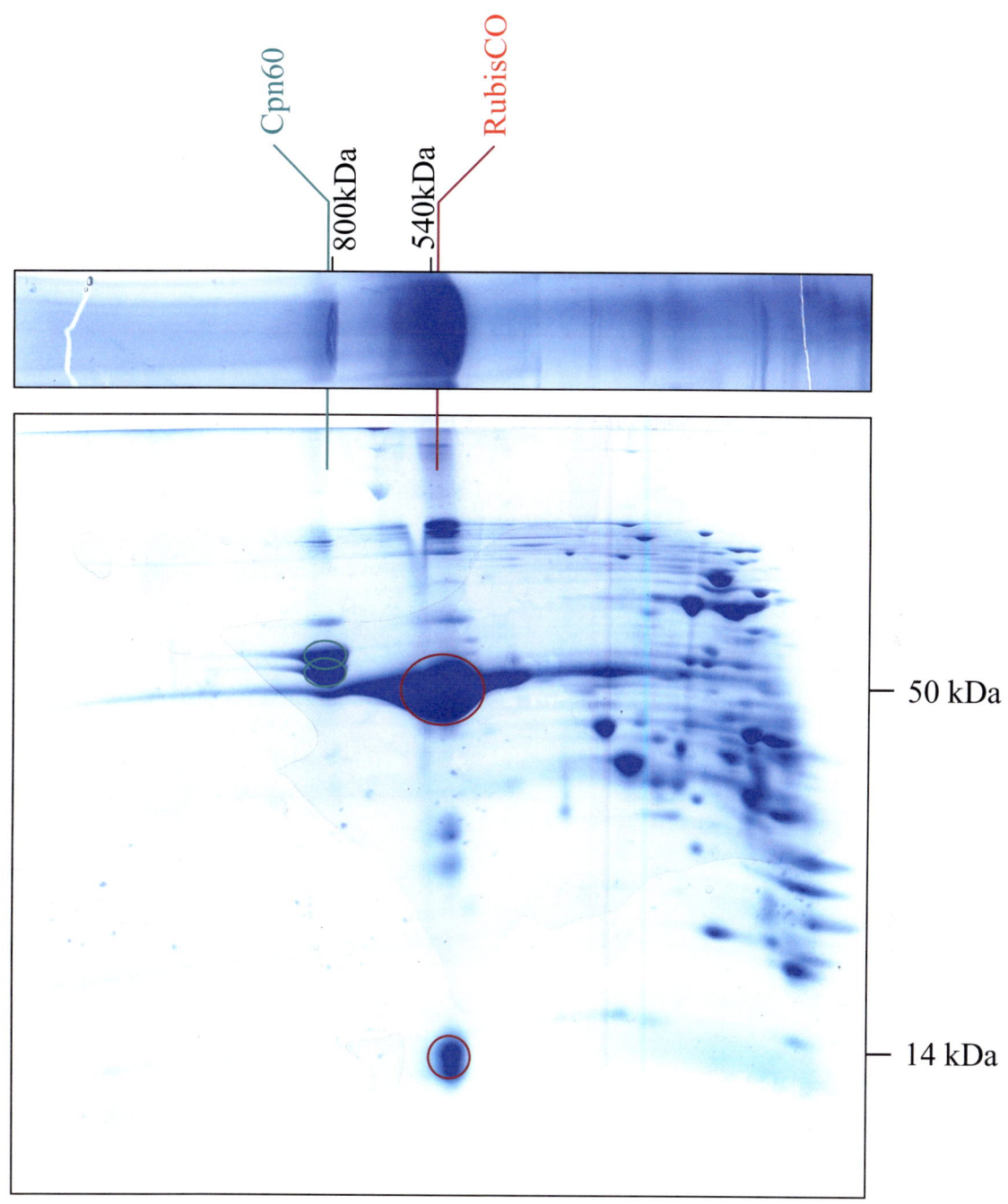

Abbildung 14: Lösliche Proteinkomplexe der Etioplasten

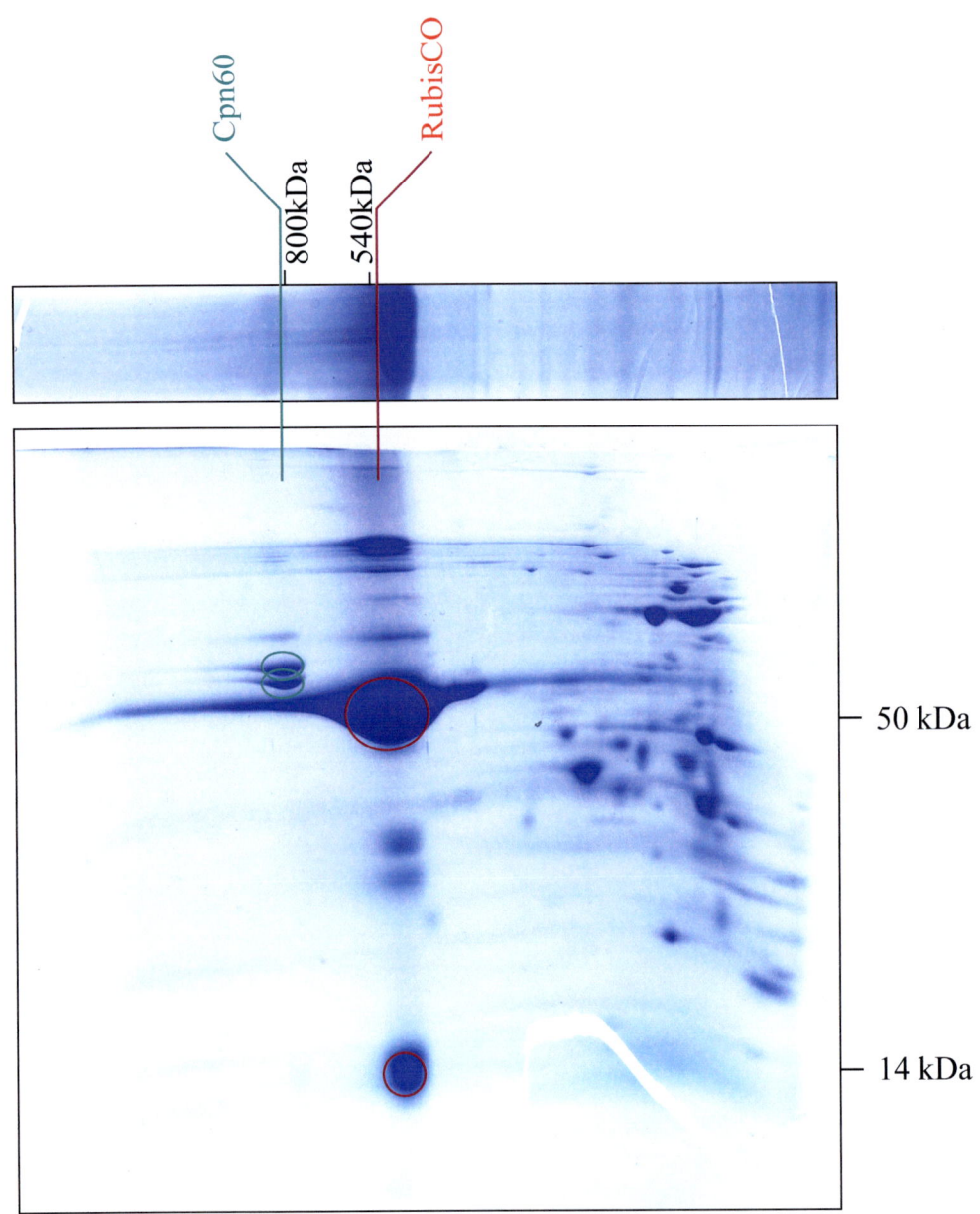

Abbildung 15: Lösliche Proteinkomplexe der Chloroplasten

Die RubisCO ist bereits in der 1. Dimension bei den Etioplasten sowie bei den Chloroplasten als intensive Bande zu erkennen. RubisCO besteht aus zwei verschiedenen Untereinheiten, welche jeweils achtmal im Komplex vorkommen. Auf der 2. Dimension zeigen sich die große Untereinheit bei 53kDa und die kleine Untereinheit bei 14kDa. Daneben ist der Komplex U_1 zu sehen, welcher aufgrund der 2 Untereinheiten und deren Größe als RubisCO-binding-protein identifiziert werden kann. Dieser Komplex gehört zur Gruppe der Chaperone und ist dem Hitzeschockprotein HSP 60 aus den Mitochondrien homolog. Er soll im weiteren Verlauf als Cpn 60 bezeichnet werden.

Das Cpn 60 besteht aus 2 Untereinheiten mit 57kDa und 58kDa, welche jeweils siebenmal im Komplex vorkommen. Es hat damit ein Molekulargewicht von etwa 800kDa. Seine Aufgabe besteht unter anderem darin, die große und die kleine Untereinheit der RubisCO miteinander zu verbinden. Auffällig ist, dass er teilweise membrangebunden sein muss, da er sowohl bei den löslichen, als auch unter den membrangebundenen Proteinen zu finden ist.

3.4 Kinetik beim Auf- und Abbau von Proteinkomplexen bei der Transformation von Etioplasten in Chloroplasten

Nachdem die 2. Dimensionen vollständig ausgewertet wurden, konnten mit Hilfe der gewonnenen Informationen die Zeitreihen der 1. Dimension beschriftet werden.

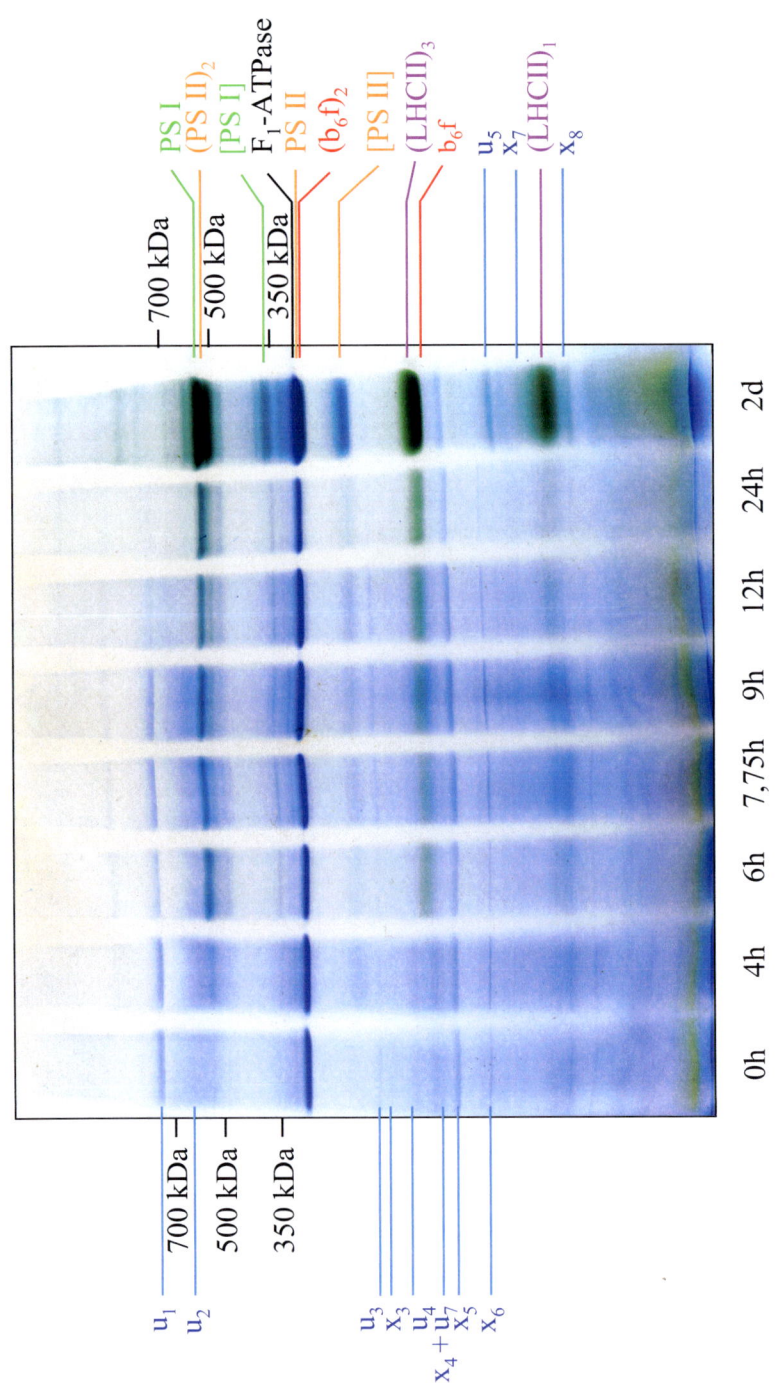

Abbildung 16: Zeitreihe der Proteinassemblierung, Versuch 1

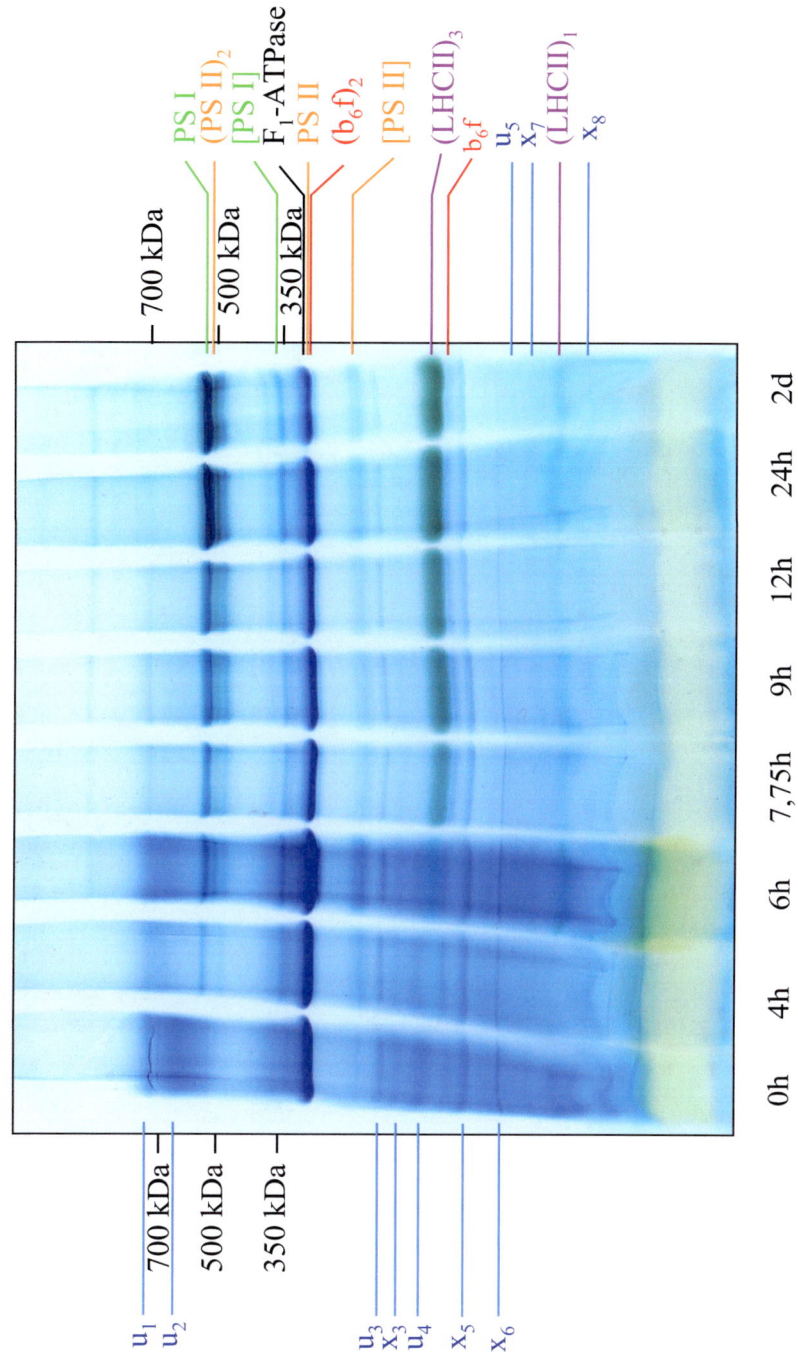

Abbildung 17: Zeitreihe der Proteinassemblierung, Versuch 2

Gut zu erkennen sind die ATP-Synthase und der b_6f-Komplex, welche schon im Etioplasten vorhanden sind. Weiterhin lässt sich die Assemblierung der beiden Photosysteme und des LHC- Komplexes gut beobachten, da sie durch das gebundene Chlorophyll grün erscheinen.

Tabelle 2 gibt darüber Auskunft, ab welchem Zeitpunkt ein bekannter Komplex aufgebaut wird und wie lange diese Veränderung andauert.

Tabelle 2: Übersicht über die Kinetik beim Auf- und Abbau von Proteinkomplexen bei der Transformation von Etioplasten in Chloroplasten.

Proteinkomplex	Trend bei Versuch I	Zeitraum	Trend bei Versuch II	Zeitraum
PS I	↑	4-?h	↑	4-24h
[PS I]	?	?	↑	4-24h
PS II	↑	4-7h	↑	4-7h
(PS II)$_2$	↑	4-9h	↑	4-9h
F$_1$-ATPase	↔	0h	↔	0h
b$_6$ f	↔	0h	↔	0h
(b$_6$ f)$_2$	↔	0-24h	↔	0-24h
(LHC II)$_3$	↑	6-?h	↑	?
LHC II	↑	6-24h	↑	6-48h

Ein Pfeil nach oben bedeutet, dass die Menge des Komplexes während der Belichtung zunimmt. Ein waagrechter Pfeil zeigt an, dass sich die Menge des Komplexes während der Belichtung nicht ändert. Der Zeitraum gibt an, nach wie vielen Stunden Belichtung dieser Komplex auftritt und wann der steady-state-Zustand erreicht ist. Bleibt ein Komplex in seiner Konzentration gleich, so ist nur der Zeitpunkt des Auftretens vermerkt. Ein Fragezeichen bedeutet, dass sich keine eindeutige Aussage machen lässt.

Das PS I erscheint bereits nach 4h Belichtung. Die Assemblierung verläuft jedoch recht langsam, daher lässt sich nicht eindeutig sagen, ob der Prozess nach 24h abgeschlossen ist. Das PS II erscheint ebenfalls nach 4h, die Bande ist jedoch etwas schwächer ausgeprägt, was auf einen späteren Beginn der Akkumulation als PS I hindeutet. Der PS II-Komplex ist bereits nach 7h - 9h vollständig aufgebaut. Der LHC II-Komplex beginnt erst sehr spät, nach 6h Belichtung, aufgebaut zu werden. Auch hier lässt sich nicht genau sagen, ob der Assemblierungsprozess bereits nach 24h oder erst nach 48h abgeschlossen ist.

Vergleicht man die Kinetik der Di- bzw. Trimere und Subkomplexe mit der Kinetik der dazugehörigen Holokomplexe, lässt sich sagen, dass erstere immer parallel zu den Holokomplexen aufgebaut werden. Diese Beobachtung führt zu dem Schluss, dass der Zusammenbau der Komplexe zeitgleich mit der Produktion ihrer Untereinheiten abläuft.

Durch diese Ergebnisse lässt sich sagen, dass die Transformation vom Etio- zum Chloroplasten bereits nach 8h Belichtung sehr weit fortgeschritten ist.

Tabelle 3 stellt in einer Übersicht das Vorkommen der unbekannten Komplexe auf den Gelen der jeweiligen Proteinfraktion dar. Die Daten wurden den 2. Dimensionen entnommen, da die entsprechenden Komplexe auf den Zeitreihen der 1. Dimension zu schwach ausgeprägt sind.

Tabelle 3: Vorkommen der unbekannten Komplexe

Komplex	0h	7,75h	24h	48h
U_1 = Cpn 60	x/x	x/x	x/x	-
U_2	x/x	x/-	x/-	-
U_3	x/x	x/x	x/x	x
U_4	x/x	x/x	x/x	-
U_5	-/-	x/x	x/x	x
U_6	x/x	-/-	-/-	-
U_7	x/x	x/x	x/x	-
X_1	-/x	-/-	-/-	-
X_2	-/-	-/-	x/-	x
X_3	x/x	x/x	x/x	-
X_4	x/x	x/x	x/x	x
X_5	x/x	x/x	x/x	-
X_6	x/x	x/x	x/x	-
X_7	-/-	x/x	x/x	x
X_8	-/-	x/x	x/x	x

Das erste x bedeutet, dass dieser Komplex auf dem Gel der ersten Versuchs zu sehen ist, das zweite x gibt an, dass dieser Komplex auf dem Gel des zweiten Versuchs zu sehen ist. Das 48h-Gel liegt nur einmal vor.

U_3 und X_4 sind bereits im Etioplasten vorhanden und bleiben während der gesamten Phase der Ergrünung präsent.

U_6 und X_1 kommen nur im Etioplasten vor und werden bei Belichtung abgebaut. Daher kam es zu der Überlegung, ob U_6 aufgrund seiner Größe die POR sein könnte, welche ein Molekulargewicht von etwa 41kDa besitzt [34]. Das Ergebnis der Massenspektroskopie wird über die Identität dieses Komplexes Aufschluss geben.

U_5, X_7 und X_8 sind erst auf den beiden Gelen der 7,75h-Fraktion sichtbar und bleiben im weiteren Verlauf der Belichtung auch erhalten. X_2 tritt nach 24h auf, allerdings nur auf einem Gel. Nach 48h Belichtung wurden einige Komplexe wieder abgebaut. U_1, U_2, U_4, U_6, U_7 sowie X_3, X_5 und X_6 sind zwar noch nach 24h sichtbar, jedoch nach 48h nicht mehr zu sehen. Das bedeutet, dass sie mit dem eigentlichen Prozess der Photosynthese nichts zu tun haben.

4 Diskussion

4.1 Plastidenisolierung

Bei der Plastidenisolierung sowie bei allen anderen Arbeitsschritten muss sauber gearbeitet werden, um eine Verunreinigung durch Fremdorganismen möglichst gering zu halten. Sorgfältiges Waschen des Pflanzenmaterials vor der Verarbeitung ist daher nötig.

Mit der Methode nach Waegemann und Soll [42] (siehe Kap. 2.2.4) können sowohl Mitochondrien als auch Chloroplasten, bzw. Etioplasten isoliert und getrennt werden. Jedoch wurde die Chloroplastenfraktion durch Mitochondrien etwas verunreinigt, so dass für Chloroplasten-, bzw. Etioplastenisolierung das Verfahren nach Roughan [29] (siehe Kap. 2.2.3) verwendet wurde. Diese Ergebnisse sind in dieser Arbeit nicht abgebildet, da sie nichts mit der Zielsetzung dieser Arbeit (siehe Kap. 1.4) zu tun haben.

Um Versuche derselben Proteinfraktion wiederholen zu können, wird ausreichend Protein benötigt. Die Ausbeute an Plastiden und damit auch an Protein hängt von einer Vielzahl von Faktoren ab. Die Kapazität des Mixers begrenzt die Menge an einsetzbarem Pflanzenmaterial, Stärke kann die Plastiden bei den Zentrifugationen zerstören und verfälscht zudem das Gewicht der Aus- beute an Plastiden und damit an Protein. Ein weiterer Faktor ist die Zeit, welche benötigt wird, um die Plastiden von dem übrigen aufgeschlossenen Zellmaterial zu trennen und damit die Zersetzung durch Enzyme zu verhindern. Durch Alter der Pflanzen, Belichtung und unterschiedliche Bewässerung verändert sich die Plastidengröße und -anzahl und damit auch die Proteinmenge.

Die Behandlung der Plastiden nach der Isolation ist ein entscheidender Schritt. So ist ACA750 als Puffer zur Lagerung ungeeignet, da mit der Zeit denaturierende Eigenschaften auftreten. Dies wurde während der Vorversuchsreihe (siehe Kap. 3.1) festgestellt. Auch die Art der Lagerung ist entscheidend. Durch das Einfrieren wurden die Plastiden zerstört und die löslichen Proteine, wie z. B. die RubisCO durch eine anschließende Zentrifugation entfernt. Ebenfalls ist die Wahl des Detergenzes für die Ergebnisse ausschlaggebend. Die Komplexe sollen zwar aus der Thylakoidmembran herausgelöst und solubilisiert werden, sie dürfen aber nicht in ihre Untereinheiten zerfallen.

4.2   Proteinfärbung mit Coomassie Blue

Um die Proteine anzufärben, standen die Silberfärbung und die Coomassie-Färbung zur Auswahl. Die Silberfärbung ist eine sehr empfindliche Methode zum Nachweis von Proteinen in Polyacrylamidgelen. Die Nachweisempfindlichkeit beträgt 0,005µg gegenüber 0,5µg pro Spot der entsprechenden Coomassie Färbemethoden [8]. Obwohl die Silberfärbung weitaus empfindlicher ist, hat sie einige entscheidende Nachteile gegenüber der mit Coomassie Blue: kleine Abweichungen vom Färbeprotokoll können sehr starke Auswirkungen auf Sensitivität und Reproduzierbarkeit und vor allen auf die Hintergrundfärbung haben. Dazu färben verschiedene Proteine mit unterschiedlicher Intensität und eine relative Proteinmengenabschätzung ist unmöglich. Bei einer Coomassie-Färbung hängt die Intensität der Färbung von der Proteinkonzentration im Gel ab, was für die Auswertung in dieser Arbeit wichtig war. Die colloidale Coomassie-Färbung nach Neuhoff et al. (1990) hat eine ähnliche Nachweisempfindlichkeit wie die Silberfärbung [25]. Es dringen nur wenige Farbpartikel aufgrund ihrer Größe in das Gel ein, was den Background nochmals verringert [27]. Nach der Färbung können die Proteine einer Analyse durch die Massenspektroskopie unterzogen werden, was bei einer Silberfärbung unmöglich wäre.

Indirekt kann die Coomassie-Färbung in dieser Arbeit auch als Indikator für die Güte der nativen Verarbeitung bei der 1. Dimension dienen. Bei nativen Bedingungen sind die Chlorophyllmoleküle noch an Proteine gebunden, während sie unter denaturierenden Bedingungen als freies Chlorophyll vorkommen. Da Chlorophyll ein Molekulargewicht von etwa 0,9kDa besitzt, würde es sich nach Lauf der 1. Dimension am Ende des Gels sammeln. Bei der 2. Dimension würde dieses freie Chlorophyll knapp über der Coomassie-Lauffront laufen, da Coomassie mit 0,85kDa etwas kleiner als Chlorophyll ist [36]. Abbildung 18 zeigt einen für diesen Effekt interessanten Ausschnitt. Da kein freies Chlorophyll am niedermolekularen Ende von beiden Dimensionen zu sehen ist, kann man von einem nativen Lauf in der 1. Dimension ausgehen.

Abbildung 18: Rechts im Bild ist das niedermolekulare Ende beider Dimensionen mit ihrer blauen Coomassielauffront zu erkennen, welche ´die Form einer Hand hat.

4.3 Vergleich der Ergebnisse mit der Literatur

Um die in dieser Arbeit erhaltenen Ergebnisse verifizieren zu können, müssen diese mit Ergebnissen anderer Arbeitsgruppen verglichen werden. Dabei sollte allerdings immer die untersuchte Pflanze, die Arbeitsmethoden und die Versuchsbedingungen berücksichtigt werden.

4.3.1 Ergebnisse anderer Arbeitsgruppen

Griffiths (1975) bewies, dass die Umbildung vom Etioplasten zum Chloroplasten bei Gerste lichtabhängig ist und Buschmann (1981) belegte, dass das Alter der Sämlinge oder das zu untersuchen- den Gewebe der Pflanzen für die Entwicklung des Photosyntheseapparates ausschlaggebend ist. Die stärkste Akkumulation erfolgt, wenn die Pflanzen vorher 5 - 6 Tage im Dunkeln angezogen wurden [6, 4]. Kleudgen et al. (1981) kommen zu ähnlichen Ergebnissen. Sie beschreiben, dass die Menge an gebildetem Chlorophyll bei Gerste während 24h Belichtung vom Alter der Sämlinge abhängt und dass 3 Tage alte Sämlinge weniger Pigmente bilden als 4, 5 oder 6 Tage alte Sämlinge [15].

Lichtenthaler et al. (1981) beobachteten die Akkumulation von Chl-a und Chl-b während der Belichtung von Radieschenpflanzen und maßen bei 3 Tage alten Radieschenkeimlingen während einer Belichtungszeit von 1 - 3 Tagen einen schnellen Chlorophyllanstieg [22]. Weitere Belichtung ergab nur eine sehr langsame Zunahme an Chlorophyll. Buschmann (1981) beobachtete bei Gerste ebenfalls einen Anstieg der Pigmentkonzentration während einer 3-tägigen Belichtungszeit [4]. In einer Publikation von Krishna et al. (1999) wird beschrieben, dass die Chl-a- und Chl-b-Akkumulation bei Gurke schon nach 30h Belichtungszeit komplett ist [17]. Die Chl-b-Akkumulation beginnt bei Gurke erst nach 4h Belichtung. Nach Tanaka und Tsuji (1985) beginnt die Chl-b-Synthese bei Gerste schon nach 2,5h Belichtung und Chl-a wird in der ersten Stunde der Belichtung nur sehr wenig gebildet, steigt aber bei Hafer nach Wellburn und Hampp (1979) in der ersten 24 Stunden ständig an [40, 43]. Hafer ergrünt etwas langsamer als Gerste und die Chl-b-Synthese beginnt bei dieser Pflanze nach 3h Belichtung. Das endgültige Chl-a/b-Verhältnis stellt sich bei Hafer nach 24h ein.

Die gewonnenen Ergebnisse in der vorliegenden Arbeit zeigen eine lichtabhängige Akkumulation der chlorophyllhaltigen Proteine. Dies konte von Mullet (1988) und von Vierling et al. (1983) bestätigt werden [24, 41]. Weiterhin konnten Takabe et al. (1985) zeigen, dass nicht nur Chlorophyllproteinkomplexe, sondern auch das Elektronentransportsystem durch Licht induziert wird und Krishna et al. (1999) wiesen bei Belichtung an 4 Tage alten, etiolierten Gurkenpflanzen nach, dass Auslöser, Steuerung und Zeitpunkt der Chlorophyllsynthese und Chlorophyllakkumulation eine kurze Verzögerungsphase aufweist [39, 17].

Mit den in dieser Arbeit durchgeführten Versuchen konnte der Cytochrom b_6f-Komplex und die ATP-Synthase, aber keine Photosysteme und LHC-Komplexe in Etioplasten detektiert werden (siehe Kap. 3.3). Diese Ergebnisse decken sich mit denen von Takabe et al. (1985) [39]. Diese Arbeitsgruppe hatte in Gersteetioplasten mit Hilfe immunochemischer Methoden Cyt-f, Cyt-b_6 und das Rieske-Protein des b_6f-Komplexes, aber keine Photosysteme nachweisen können. Boardman (1981) konnte die β-Untereinheit der ATP-Synthase in Etioplasten detektieren [3]. Krishna et al. (1999) versuchten vergeblich mit ELISA und der SDS-PAGE die D1 (Untereinheit von PS II) und den LHC II-Komplex in 4 Tage alten, etiolierten Gurkenpflanzen zu finden [17]. Das bedeutet, dass keine Photosysteme und LHC-

Komplexe in Etioplasten vorkommen, jedoch sind die ATP-Synthase und der B6f-Komplex bereits vorhanden.

Der PS I-Komplex ist auf den Abbildungen 16 und 17 nach 4h Belichtung zu sehen. Da kein Versuch zwischen 0h und 4h durchgeführt wurde, kann man keine Aussage über ein früheres Erscheinen machen. Auch Krishna et al. (1999) fanden eine PS I-Aktivität bei Gurke nach 4h Belichtung [17]. Allerdings wurden die Pflanzen mit nur 20 $\frac{\mu mol\, Quanten}{m^2 \bullet s}$ sehr schwach belichtet, so dass man von einem früheren Erscheinen ausgehen muss. Wie in der Publikation von Tanaka und Tsuji (1985) beschrieben, ist der PS I-Komplex in Gerste nach 45 - 60min Belichtungszeit zu sehen [40]. Gleichzeitig konnte eine photochemische Aktivität festgestellt werden. Bereits nach 10min Belichtung wurde ein labiler Chlorophyllproteinkomplex gefunden, welcher während der Elektrophorese wieder auseinander fiel. Auch Ohashi et al. (1988) fanden bei Gerste eine Aktivität des PS I nach 60 min, jedoch konnte das PS I noch kein Ferredoxin reduzieren, was erst nach 2h Belichtung möglich war [26]. Obwohl Hafer etwas später als Gerste ergrünt, konnten Wellburn und Hampp (1979) bei Hafer schon nach 15min eine PS I-Aktivität feststellen [43].

Der PS II-Komplex ist auf den Abbildungen 16 und 17 wie PS I nach 4h Belichtung zu sehen, jedoch ist die Bande etwas schwächer ausgeprägt, was auf einen späteren Beginn der Akkumulation als PS I hindeutet. Da auch hier kein Versuch zwischen 0h und 4h durchgeführt wurde, kann man keine Aussage über ein früheres Erscheinen machen. Ohashi et al. (1988) wiesen bei Gerste eine photochemische Aktivität des PS II nach 1,5h Belichtung nach, was eine halbe Stunde nach dem Erscheinen der PS I-Aktivität ist [26]. Wellburn und Hampp (1979) fanden eine PS II- Aktivität bei Hafer sogar erst nach 3 - 4h Belichtung [43]. Auch sie kamen zu dem Schluss, dass PS II etwas später als das PS I aufgebaut wird.

Auf den Abbildungen 16 und 17 kann man nach 6h Belichtung den LHC II-Komplex erkennen. Der LHC I-Komplex dagegen kommt mit dem PS I assoziiert vor und kann auf den Gelen nicht isoliert beobachtet werden. In der Publikation von Tanaka und Tsuji (1985) wird eine Akkumulation des LHC-Komplexes bei Gerste schon nach 2,5h Belichtungszeit nachgewiesen, allerdings wird nicht zwischen LHC I und LHC II unterschieden, so dass sich die Ergebnisse nicht vergleichen lassen.

Wie in einer Veröffentlichung von Schmid et al. (2001) beschrieben, akkumulieren Chl-Bindeproteine, wie P700, CP43, CP47 und D1 nur wenn Chlorophyll gebildet wird [33]. Tanaka und Tsuji (1985) konnten P700 in Gerste chemisch nach 1h Belichtung nachweisen, d. h. in der ersten Belichtungsstunde wird bereits Chl-a gebildet [40].

Ohashi et al. (1988) schreiben in ihrer Publikation, dass die Elektronentransportkette bei Gerste nach 4h Belichtung bereits komplett sei [26]. Die Chloroplasten sind allerdings nach Krishna et al. (1999) bei Gurke erst nach 25h Belichtung voll funktionstüchtig und die Photosynthese erreicht ihre maximale Effizienz nach 29h. [17]. Leider lässt sich anhand der Abbildungen 16 und 17 nichts über die Vollständigkeit der Chloroplastenfunktion sagen, man kann jedoch behaupten, dass die vollständige Transformation nach 24h noch nicht ganz komplett ist.

Auf den Abbildungen der 2. Dimension in dieser Arbeit (siehe Kap. 3.1) sind neben dem PS II- und dem LHC II-Monomeren auch ein PS II-Dimer und ein LHC II-Trimer zu sehen. Daraus ergibt sich, dass die Oligomere parallel mit den Monomeren gebildet werden, aus denen sie zusammengesetzt sind. Diese Beobachtung wird von Akoyunoglou (1984) bestätigt. Dieser beschreibt, dass bei Belichtung die Monomere zu Oligomeren aufgebaut werden und dass sich ein Verhältnis von Monomer / Oligomer einstellt [1].

Auf den Abbildungen 14 und 15 sind die lösliche Proteine von Etio- und Chloroplasten zu sehen. Dieser Versuch wurde gemacht, um zu überprüfen, ob die RubisCO wirklich während der Probenvorbereitung verloren ging oder ob es andere Gründe geben müsste. Peltier et al. (2000) beschreiben in ihrer Publikation einen ähnlichen Versuch, in dem sie Chloroplasten in eine Thylakoidfrakion und eine Stroma- und Envelope-Fraktion teilten [28]. Durch einen Gel-Blot wurden die Proteine anschließend verifiziert. In der Thylakoidfraktion fanden sie unter anderem den $F_{1\alpha}$-Teil der ATP-Synthase und den LHC IIb-Komplex. In der Stroma- und Envelope-Fraktion fanden sie die RubisCO. Das bedeutet, dass die Vermutung richtig war, nach der die RubisCO aus der Probe ausgewaschen wurde. Die RubisCO ist laut Abbildung 14 bereits in Etioplasten zu finden. Dies beschreiben auch Klein und Mullet (1986, 1987) in ihren Publikationen [13, 14]. Nach ihren Ergebnissen bleiben die große und die kleine Untereinheit der RubisCO während der Ergrünung in ihrer Konzentration konstant.

In Tabelle 4 werden die Ergebnisse einiger Arbeitsgruppen, welche man mit denen in dieser Arbeit erhaltenen Ergebnisse vergleichen kann, noch einmal übersichtlich dargestellt. Um dabei die kurze Form einer Tabelle zu erreichen, werden nur die Ergebnisse verglichen und die Versuchsbedingungen außer Acht gelassen.

Tabelle 4: Kurzer vergleich der Ergebnisse mit der Literatur

Untersuchungsgegenstand	Ergebnis	Quelle
Etioplast	Vorhandensein des b6f- und des ATP-Synthase-Komplexes	Abb. 6 und 7
	Fehlen der LHC- und der PS-Komplexe	
	Vorhandensein des b6f-Komplexes	Takabe et al. (1985) [39]
	Vorhandensein der ATP-Synthase	Boardman (1981) [3]
	Fehlen der LHC- und der PS-Komplexe	Krishna et al. (1999) [17]
PS I-Komplex	Erscheinen nach 4h Belichtung	Abb. 16 und 17
		Krishna et al. (1999) [17]
	Erscheinen nach 60min Belichtung	Ohashi et al. (1988) [26]
	Erscheinen nach 45-60min Belichtung	Tanaka und Tsuji (1985) [40]
	Erscheinen nach 15min Belichtung	Wellburn und Hemp (1979) [43]
PS II-Komplex	Erscheinen nach 4h Belichtung	Abb. 16 und 17
	Erscheinen nach 3-4h Belichtung	Wellburn und Hemp (1979) [43]
	Erscheinen nach 1,5h Belichtung	Ohashi et al. (1988) [26]
RubisCO	Bereits in Etioplasten vorhanden	Abb. 14
		Klein und Mullet (1986, 1987) [13, 14]
Monomer/Oligomer	werden parallel gebildet	Abb. 16 und 17
		Akoyunoglou (1984) [1]

Die Versuchsbedingungen wurden außer Acht gelassen

4.3.2 Fazit

Die in der Literatur angegebenen Ergebnisse sind teilweise sehr ungenau beschrieben und lassen sich zum Teil nicht nachvollziehen. So ist z. B. bei Tanaka und Tsuji (1985) von Komplexen auf der SDS-PAGE die Rede. Weiterhin wird über einen P700-Chlorophyll-a-Protein-Komplex und über ein Chlorophyll-Protein-a geschrieben, welche nicht gleich mit dem PS I sind und auch nicht weiter beschrieben werden [40]. Auch bei Krishna et al. (1999) wird ohne weitere Spezifikation über Chlorophyllprotein I und -II geschrieben[17]. Auch unterscheiden sich die angegebenen Ergebnisse um Teil sehr stark voneinander, da sie von der Art des Experimentes, der Art der Pflanze, dem Alter, der Anzuchtstemperatur, der Güte und Stärke der Belichtung, der Bewässerung und dem Substrat abhängen. Aufgrund dieser Umstände kann man keine absoluten Zeitwerte miteinander vergleichen, sondern muss die Ergebnisse relativ betrachten. Jedoch kann man nach den Vergleichen behaupten, dass die ATP-Synthase, die RubisCO und der b_6f-Komplex schon bereits im Etioplasten vorhanden sind. Während der Belichtung akkumulieren die Photosysteme und die LHC-Komplexe, wobei zuerst das PS I, dann das PS II und zuletzt der LHC II gebildet wird. Die Holokomplexe werden zeitgleich mit den Subkomplexen gebildet und die Monomere werden parallel mit ihrer Bildung zu Oligomeren aufgebaut, so dass sich ein Verhältnis von Monomer zu Oligomer einstellt.

Die in dieser Arbeit angewandte BN-Page hat im Vergleich zu Elektronentransportstudien den Vorteil, dass sie die relative Menge an Protein angibt und man so einen sehr guten Überblick über die Konzentrationsverhältnisse der Komplexe eines Zeitpunktes, sowie der Verlauf der Konzentrationsänderung eines Komplexes bekommt.

4.4 Vorteile der BN-PAGE gegenüber vergleichbarer Technik

Die BN-PAGE wurde von Schägger und Jagow zur Analyse der Proteinkomplexe der Atmungsketten in Mitochondrien bei Säugern und Pilzen entwickelt [32, 30]. Jänsch et al. (1995, 1997) setzten dieses Protokoll für pflanzliche Mitochondrien um und Kügler et al. (1997) optimierten diese Methode [9, 10, 11].

Mit Hilfe der BN-PAGE nach Kügler et al. (1997) können die wichtigsten an der Photosynthese beteiligten Proteinkomplexe, wie der b_6f-Komplex, der LHC II-Komplex, die ATP-Synthase und die beiden Photosysteme, gemäß ihres Molekulargewichtes auf einem Polyacrylamidgel im elektrischen Feld aufgetrennt werden [11]. Die ungeladenen Proteinkomplexe werden mit Coomassie versetzt und erhalten dadurch eine negative Ladung, die es ihnen ermöglicht in Richtung der Anode zu wandern. Bei diesem Verfahren werden die Proteinkomplexe nicht denaturiert oder in ihre Untereinheiten aufgetrennt. Diese Methode ist daher sehr sanft und wird als „nativ" bezeichnet.

Um die hydrophoben Membranproteine im elektrischen Feld aufzutrennen, müssen diese zuerst aus der Membran herausgelöst, d. h. solubilisiert werden. Des Weiteren müssen sie eine einheitliche elektrische Ladung erhalten. Bei der GN-PAGE nach Allen und Staehelin wird dazu SDS oder LDS, zwei ionische Detergenzien, verwendet [2] Damit die Proteinkomplexe dadurch nicht denaturieren, muss die Konzentration dieser ionischen Detergenzien sehr gering gehalten werden, wodurch die Proteinkomplexe auch nur eine geringe Ladung erhalten. Dadurch wird die Wanderung im elektrischen Feld begrenzt und viele Komplexe lassen sich nicht mehr eindeutig voneinander trennen. Der b_6f-Komplex und die ATP-Synthase lassen sich damit überhaupt nicht nachweisen. Bei der BN-Page erhalten die Proteinkomplexe ihre Ladung durch Bindung eines geladenen Coomassie-Farbstoffes, welcher keine instabilisierende Wirkung besitzt und zu einer besseren Auftrennung der Komplexe führt. Die Solubilisierung kann durch nichtionische Detergenzien erfolgen, was das Risiko einer Denaturierung wesentlich verringert. Durch Bindung des Farbstoffes sind die Proteinkomplexe direkt nach dem Gellauf sichtbar und müssen nicht gefärbt werden.

Die BN-PAGE ist die Methode der Wahl wenn es um die Auftrennung chloroplastidärer Proteinkomplexe geht, da mit der GN-PAGE einige Komplexe nicht nachweisbar sind und die SDS- PAGE nicht nativ ist und dadurch die Komplexe in ihre Untereinheiten zerfallen (siehe Kap. 1.3).

5   Zusammenfassung

Gegenstand der vorliegenden Arbeit war die Untersuchung der Biogenese chloroplastidärer Proteinkomplexe und die Kinetik der Proteinassemblierung während der Ergrünung an Gerste. Es sind eine Vielzahl von Proteinen an dem Prozess der Biogenese und der Regulation der Komplexe beteiligt, welche die Biosynthese und den Zusammenbau von Cofaktoren, Einfügen von Proteinen in die Membran, Faltung und Abbau von Proteinen steuern. Insgesamt enthält ein Chloroplast 2000- 5000 verschiedene Proteine [28]. Die Bildung der einzelnen Proteine, der Zusammenbau dieser zu den Komplexen und die präzise Platzierung muss genau aufeinander abgestimmt sein, da sonst durch freie Elektronen irreparable Schäden entstehen können.

Mit Hilfe der Technik der BN-PAGE und einer anschließenden zweiten denaturierenden Dimension konnten die etioplastidären, bzw. chloroplastidären Proteine nach unterschiedlich langer Belichtungszeit etiolierter Pflanzen aufgetrennt werden. Durch die BN-PAGE konnten die wichtigsten an der Photosynthese beteiligten Proteinkomplexe, wie der b_6f-Komplex, der LHC II-Komplex, die ATP-Synthase und die beiden Photosysteme, gemäß ihres Molekulargewichtes auf einem Polyacrylamidgel im elektrischen Feld aufgetrennt werden. Die ungeladenen Proteinkomplexe wurden mit Coomassie versetzt und erhielten dadurch eine negative Ladung, die es ihnen ermöglichte in Richtung der Anode zu wandern. Bei diesem Verfahren wurden die Proteinkomplexe nicht denaturiert oder in ihre Untereinheiten aufgetrennt. Die Solubilisierung erfolgte durch nichtionische Detergenzien, was das Risiko einer Denaturierung wesentlich verringerte. Durch Bindung des Farbstoffes sind die Proteinkomplexe direkt nach dem Gellauf sichtbar und mussten nicht gefärbt werden. Durch eine Zeitreihe konnte die Kinetik der Proteinassemblierung dokumentiert werden.

Durch eine anschließende denaturierende SDS-Tricin-PAGE wurden die einzelnen Komplexe in ihre Untereinheiten aufgetrennt. Dies erlaubte die Identifikation einiger Komplexe durch Vergleiche mit vorangegangener Literatur [12, 11]. Einige Untereinheiten noch unbekannter Komplexe wurden zwecks Identifikation aus den Gelen ausgestochen und zur Massenspektroskopie gegeben. Leider liegen diese Ergebnisse bislang noch nicht vor. Neben den Komplexen wurden auch Subkomplexe gefunden, welche Aufschluss darüber geben, dass der Zusammenbau der Komplexe zeitgleich mit der Produktion ihrer Untereinheiten abläuft.

Die ATP-Synthase, die RubisCO, das RubisCO-Bindeprotein Cpn60 und der b_6f-Komplex sind schon bereits im Etioplasten vorhanden. Zwei noch unbekannte Komplexe, U_6 und X_1, waren nur im Etioplasten zu finden. Während der Belichtung akkumulieren die Photosysteme und die LHC-Komplexe, wobei zuerst das PS I, dann das PS II und zuletzt der LHC II gebildet wird. Einige noch unbekannte Komplexe sind schon im Etioplasten vorhanden, bleiben bis zu einer Belichtungszeit von 24h präsent und sind erst nach 48h verschwunden. Andere Komplexe werden erst nach 7,75h Belichtung gebildet und bleiben während weiterer Belichtung bis zu 48h konstant. Der noch unbekannte Komplex X_2 wird sogar erst ab 24h Belichtungszeit gebildet. Aus diesen Ergebnissen folgt, dass nach 24h Belichtung die Transformation noch nicht vollständig abgeschlossen ist. Die Holokomplexe werden zeitgleich mit den Subkomplexen gebildet und die Monomere werden parallel mit ihrer Bildung zu Oligomeren aufgebaut, so dass sich ein Verhältnis von Monomer zu Oligomer einstellt.

Die in der Literatur beschriebenen Ergebnisse unterscheiden sich aufgrund der Experimentbedingungen zum Teil sehr stark voneinander, so dass keine Absolutwerte angegeben werden können.

Zum Färben beider Gele wurde Coomassie Blue verwendet, da eine anschließende Massenspektroskopie möglich ist. Coomassie Blue hat außerdem den Vorteil, dass die Intensität der Färbung von der Proteinkonzentration im Gel abhängt, was für die Auswertung beider Dimensionen relevant war.

6   Literatur

[1] G. Akoyunoglou. Biosynthesis of the pigment-protein complexes. In C. Sironval und M. Brouers, editors, *Protochlorophyllide Reduction and Greening Advances in Agricultural Biotechnology.* Martinus Nijhoff / Dr. W. Junk Publishers 1984, 1984.

[2] K. D. Allen und L. A. Staehelin. Resolution of 16 to 20 chlorophyll-protein complexes using a low strengh native green gel system. *Anal. Biochem.*, 194:214–222, 1991.

[3] N. K. Boardman. Thylakoid membrane formation in the higher plant chloroplast. *Photosyn- thesis*, 10:325–339, 1981.

[4] C. Buschmann. The characerization of the developing photosynthetic apparatus in greening barley leaves by means of (slow) fluorescene kinetic measurements. In G. Akoyunoglou, editor, *Photosynthesis V. Chloroplast Development*, pages 417–426. Balaban International Science Services, Philadelphia, Pa., 1981.

[5] P. Fromme. Structure and function of photosystem I. *Curr. Opin. Struct. Biol.*, 6:473–484, 1996.

[6] W. T. Griffiths. Reconstitution of chlorophyllide formation by isolated etioplast membranes. *Biochem. J.*, 174:681–692, 1975.

[7] H. W. Heldt. *Pflanzenbiochemie.* Spektrum Akademischer Verlag, 1999.

[8] G. Hütter. *Chemoresistenzassoziierte Veränderungen der Proteinexpression bei Kolon-, Mamma- Magen-, Pankreaskarzinom und Fibrosarkom mit Hilfe der hochauflösenden zweidimensionalen Elektrophorese im immobilisierten pH-Gradienten.* Humboldt Universität zu Berlin, http://dochost.rz.hu-berlin.de/dissertationen/huetter-gero-2000-02-04/HTML/huetter-ch5.html.

[9] L. Jänsch, V. Kruft, U. K. Schmitz, und H. P. Braun. Cytochrome c reductase from potato does not comprise three core subunits but contains an additional low-molecular-mass subunit. *Eur. J. Biochem.*, 228:878–885, 1995.

[10] L. Jänsch, V. Kruft, U. K. Schmitz, und H. P. Braun. New insights into the composition, molecular mass and stoichiometry of the protein complexes of plant mitochondria. *The Plant Journal*, 9:357–368, 1996.

[11] M. Kügler, L. Jänsch, V. Kruft, U. K. Schmitz, und H. P. Braun. Analysis of the chloroplast protein complexes by blue-native polyacrylamide gel electrophoresis (BN-PAGE). *Photosynthesis Research*, 53:35–44, 1997.

[12] M. Kügler, V. Kruft, U. K. Schmitz, und H. P. Braun. Charakterization of the PetM subunit of the b_6f complex from higher plants. *Journal of Plant Physiology*, 153:581–586, 1998.

[13] P. R. Klein und J. E. Mullet. Regulation of chloroplast-encoded chlorophyll-binding protein translation during higher plant chloroplast biogenesis. *J. Biol. Chem.*, 261:11138–11145, 1986.

[14] P. R. Klein und J. E. Mullet. Control of gene expression during higher plant chloroplast biogenesis. Protein synthesis and transcript levels of psbA, psaA-psaB and rbcl in dark-grown and illuminated seedlings. *J. Biol. Chem.*, 262:4341–4348, 1987.

[15] H. K. Kleudgen, C. Buschmann, und Lichtenthaler H. K. Accumulation capacity for thylakoid pigment during light-induced chloroplast development in etiolated barley leaves of differentage. *Karlsruher Beiträge zur Pflanzenphysiologie,* 11:131–150, 1981.

[16] N. Krauß, W. Hinrichs, I. Witt, P. Fromme, W. Pritzkow, Z. Dauter, C. Betzel, K. S. Wilson, H. T. Witt, und W. Saenger. Three-dimensional structure of system I of photosynthesis at 6Å resolution. *Nature,* 361:326–330, 1993.

[17] B. K. Krishna, M. K.. Joshi, B. Vani, und P. Mohanty. Sructure-function correlation during the etioplast-chloroplast transition in cucumber cotyledonary leaves. *Photosynthetica,* 36:199–212, 1999.

[18] J. Kropat, U. Oster, W. Rüdiger, und C. F. Beck. Chlorophyll precursors are signals of chloroplast origin involved in light induction of nuclear heat-shock genes. *Proc. Natl. Acad. Sci. USA,* 94:14168–14172, 1997.

[19] U. K. Laemmli. Cleavage of structural proteins during the assembly of the head of bacteriophage T4. *Nature,* 227:287–302, 1970.

[20] E. Libbert. *Lehrbuch der Pflanzenphysiologie.* Gustav Fischer Verlag, 1993.

[21] H. K. Lichtenthaler. Plastoglobuli und Plastidenstruktur, 79, Deutsche Botanische Gesellschaft, 1966.

[22] H. K. Lichtenthaler, G. Burkard, G. Kuhn, und U. Prenzel. Light-induced accumulation and stability of chlorophylls and chlorophyll-proteins during chloroplast development in radish seedlings. *Z. Naturforsch.,* 36c:421–430, 1981.

[23] H. K. Lichtenthaler und R. B. Park. Chemical composition of chloroplast lamellae from spinach. *Nature,* 168:1070–1072, 1963.

[24] I. E. Mullet. Chloroplast development and gene expression. *Annu. Rev. Plant Physiol. Plant Mol. Biol.,* 39:475–502, 1988.

[25] V. Neuhoff, R. Stamm, I. Pardowitz, N. Arold, W. Erhardt, und D. Taube. Essential problems in quantification of proteins following colloidal staining with Coomassie Brilliant Blue dyes in polyacrylamide gels, and their solution. *Electrophoresis,* 11:101–117, 1990.

[26] K. Ohashi, A. Tanaka, und H. Tsuji. Formation of the photosynthetic electron transport system during the early phase of greening in barley leaves. *Plant Physiol.,* 91:409–414, 1988.

[27] Owl Scientific, http://www.owlsci.com/Outlooks/OLmay2k.htm. Volume *III, Issue 2.*

[28] J. Peltier, G. Friso, D. K. Kalume, P. Roeppstorff, F. Nilsson, I. Adamska, und K. J. v. Wijk. Proteomics of the chloroplast: Systematic identification and targeting analysis of lumenal and peripheral thylakoid proteins. *The Plant Cell,* 12:319–341, 2000.

[29] P. G. Roughan. Long-chain fatty acid synthesis and utilization by isolated chloroplasts. *Methods in Enzymology,* 148:327–337, 1987.

[30] H. Schägger. Native electrophoresis for isolation of mitochondrial oxidative phosphorylation protein complexes. *Meth. Enzymol.,* 260:190–202, 1985.

[31] H. Schägger und G. v. Jagow. Tricine-sodium dodecyl sulfat-polyacrylamide gel electrophoresis for the separation of proteins in the range from 1 to 100 kDa. *Analytical Biochemistry*, 166:368–379, 1987.

[32] H. Schägger und G. v. Jagow. Blue native electrophoresis for isolation of membrane protein complexes in enzymatically active form. Anal. *Biochem.*, 199:223–231, 1991.

[33] H. C. Schmid, U. Oster, J. Kögel, S. Lenz, und W. Rüdiger. Cloning and characterization of chlorophyll synthase from *Avena sativa. Biol. Chem.*, 382:903–911, 2001.

[34] Schweizerisches Institut für Bioinformatik (SIB), http://expasy.ch. *ExPASy Molecular Biology Server*.

[35] P. v. Sengbusch. Botanik online - The Internet Hypertextbook.   www.biologie.uni-hamburg.de/b-online/d00/inhalt.htm.

[36] SERVA Electrophoresis GmbH, http://www.serva.de. SERVA Blue G.

[37] Strassburger. *Lehrbuch der Botanik*. Gustav Fischer Verlag, 1998.

[38] C. Sundqvist und C. Dahlin. With chlorophyll pigments from prolamellar bodies to light-harvesting complexes. *Physiologia Plantarum*, 100:748–759, 1997.

[39] T. Takabe, T. Takabe, und T. Akazawa. Biosynthesis of P700-chlorophyll a protein complex, plastocyanin and cytochrome b_6f complex. *Plant Physiol.*, 81:60–66, 1985.

[40] A. Tanaka und H. Tsuji. Appearance of chlorophyll-protein complexes in greening barley seedlings. *Plant Cell Physiol.*, 26:893–902, 1985.

[41] E. Vierling und R. S. Albert. Regulation of synthesis of the photosystem I reaction center. *J. Cell. Biol.*, 97:1806–1814, 1983.

[42] K. Waegemann und J. Soll. Characterization and isolation of the chloroplast protein import machinery. *Meth. Cell.* Biol., 50:255–267, 1995.

[43] A. R. Wellburn und R. Hampp. Appearance of photochemical function in prothylakoids during plastid development. *Biochimica et Biophysica Acta*, 547:380–397, 1979.

7 Anhang

7.1 Abkürzungen

ACA	ε-Amino-n-capronsäure
APS	Ammoniumpersulfat
ATP	Adenosintriphosphat
BN	Blau Nativ
BSA	Bovine Serum Albumine
Chl	Chlorophyll
CO_2	Kohlendioxid
Cpn	Chaperon
Cyt	Cytochrom
DNA	Desoxyribonukleinsäure
DTT	1,4-Dithiothreitol
EDTA	Ethylendiamintetraacetat
EGTA	Ethylenglykol-bis-(2-aminoethyl)-tetra-Acetat
ELISA	enzyme-linked immunosorbent assay
g	Erdbeschleunigung
GN	Grün Nativ
H^+	Proton
HCl	Salzsäure
HEPES	4-(2-Hydroxyethyl)-1-piperazinethansulfonsäure
HSP	Hitzeschockprotein
KCl	Kaliumchlorid
kDa	Kilodalton
KH_2PO_4	Kaliumdihydrogenphosphat
KOH	Kalilauge
LDS	Lithiumdodecylsulfat

LHC	„Light Harvesting Complex"
MOPS	3-(N-Morpholino)propansulfonsäure
NADP/NADPH	Nicotinamid-adenin-dinucleotid-phosphat
N-terminal	Amino-terminal
PAGE	Polyacrylamidgelelektrophorese
pH	Wasserstoffionenkonzentration
POR	Protochlorophyllidoxidoreduktase
PS	Photosystem
RNA	Ribonukleinsäure
rpm	„rounds per minute"
RubisCO	Ribulose-1,5-bisphosphatcarboxylase/Oxygenase
SDS	Natriumdodecylsulfat
TEMED	N,N,N',N'-Tetramethylethylendiamin
Tris	Trishydroxymethylaminomethan
UE	Untereinheit

Abkürzungen für Maßeinheiten entsprechen den allgemein üblichen Regeln

7.2 Glossar

aliquotieren	portionieren in gebräuchliche Volumen
Chromphor	Farbstoffträger
Eukaryot	Organismus, dessen Zellen echte Zellkerne besitzen
Holokomplex	vollständiger Komplex
„Light Harvesting Complex"	Lichtsammelkomplex
Pellet	abgesetztes Zentrifugat
Spacer	Abstandshalter zwischen beiden Elektrophoreseplatten
Spot	angefärbter Proteinbereich im Gel
„steady state"	gleich bleibender Zustand
Subkomplex	nicht vollständiger Komplex